혼자서도 할 수 있는

공기압 제어

박용일 · 이정로 지음

BM (주)도서출판 성안당

■ 도서 A/S 안내

성안당에서 발행하는 모든 도서는 저자와 출판사, 그리고 독자가 함께 만들어 나갑니다.

좋은 책을 펴내기 위해 많은 노력을 기울이고 있으나 혹시라도 내용상의 오류나 오탈자 등이 발견되면 "좋은 책은 나라의 보배"로서 우리 모두가 함께 만들어 간다는 마음으로 연락주시기 바랍니다. 수정 보완하여 더 나은 책이 되도록 최선을 다하겠습니다.

성안당은 늘 독자 여러분들의 소중한 의견을 기다리고 있습니다. 좋은 의견을 보내주시는 분께는 성안당 쇼핑몰의 포인트(3,000포인트)를 적립해 드립니다.

잘못 만들어진 책이나 부록이 파손된 경우에는 교환해 드립니다.

저자 문의 e-mail : yipark@daelim.ac.kr

본서 기획자 e-mail : coh@cyber.co.kr(최옥현)

홈페이지 : http://www.cyber.co.kr   전화 : 031) 950-6300

머리말

인간은 오래 전부터 공기압을 이용한 풍차, 풀무 및 범선을 제작하여 생활에 편리한 도구로서 사용해 왔다. 최근에 공정의 자동화에 대한 문제가 대두되면서 공기압 응용은 많은 발전을 해 왔고, 이제 전기적인 시퀀스 및 PLC와 맞물려 사용됨으로써 공장 자동화를 구현하는 데 없어서는 안 될 중요한 제어기술로 발전되어 왔다.

우리 주위에 공기압에 관한 좋은 책들이 많이 있으나, 공기압 요소 기술과 제어회로가 포함된 내용을 단계적으로 설명한 것은 찾아보기 힘들다. 따라서 혼자서도 공기압 제어를 정복할 수 있도록 하기 위해서 이 책을 출판하게 되었다.

이 책은 1999년 초판 1쇄가 발행된 이후 지속적으로 개정판이 발행되었으며, 강의를 하면서 부족한 부분을 보완하여 새롭게 이 책을 출판하게 되었다. 그 동안 부족한 이 책을 사랑해 주신 모든 분들께 진심으로 감사드린다.

이 책에는 대림대학 메카트로닉스과 산학협동 산업체이면서, 공장 자동화 관련 기술자 교육에 오랜 전통을 가지고 있는 한국 훼스토 교육사업부에서 산업체 근무자들을 대상으로 교육시키는 내용과 대림대학 메카트로닉스과에서 학생들에게 강의하는 내용 중 공장 자동화 관련 산업체에서 근무하는 데 필요한 내용들을 한 학기 동안 강의할 수 있는 분량으로 실었다. 따라서 이 책에 포함되지 않은 내용들에 대해서는 참고문헌에 소개된 책들이나 다른 책들을 참조하기 바란다.

공기압 시스템을 설계하고 제어하는 방법에 있어서 공기압, 전기공압, PLC공압 및 PC 기반 제어 등 여러 가지가 있다. 그 모든 방법들에 있어서 공통적으로 사용되는 것은 압축공기, 배관, 건조기, 냉각기, 필터, 실린더 등 양질의 압축공기 생산과 외부에 일을 하는 데 관련된 것들이다. 이러한 내용에 대하여는 제어방식에 관계없이 공기압 제어에서 사용되는 누구나 알아야 할 중요한 것들이다. 이러한 내용에 대해서도 상세히 설명하였다.

이 책이 출판되기까지 많은 자료를 수집해 주시고 실무적인 부분에서 도움을 주신 (주)에이 앤 아이 최정학 대표님, 대림대학 노헌영 겸임 교수님, 영원테크 최인규 부장님께 감사드린다. 또한 이 책이 출판될 수 있도록 애써 주신 성안당 이종춘 회장님과 황철규 전무님, 편집부 여러분께 감사드린다.

그리고 교재를 알기 쉽게 집필하는 방법을 지도해 주신 한양대학교 명예교수이신 김광식 박사님, 박희용 박사님께 깊은 감사를 드린다.

내용의 오류를 줄이기 위해 많은 노력을 하였으나, 혹 오류가 발견되었을 때 연락주시면 보완하여 더 좋은 책을 만들 것을 약속드린다.

머리말

이 책이 공기압 제어를 배우려는 학생, 산업체근무자 그리고 공기압 제어를 가르치시는 교수님께 좋은 자료가 되기를 바란다.

저자 씀

차례

차례

제 **4** 장 완 충 기

제 **5** 장 이 젝 터

제 **6** 장 제어밸브

차례

제 7 장 공기압 제어 회로의 기초

제 8 장 공기압 제어 회로

제 9 장 캐스케이드 시퀀스 제어

연 습 문 제

차례

맺음말

제 1 장
공 기 압

1.1 공기압의 발달

인간은 오래 전부터 풍차, 풀무 및 범선 등을 통하여 공기를 잘 이용하면서 생활해 왔으나, 공기압의 원리 및 사용 방법 등을 체계적으로 연구하여 공기압을 사용하게 된 시점은 얼마 되지 않았다.

그러나 공정의 자동화와 합리화에 대한 문제가 대두되면서 공기압의 응용은 많은 발전을 하였고, 이제 모든 산업체에서 압축공기가 없다는 것은 상상도 할 수 없으며, 전기적인 시퀀스와 PLC(programmable logic controller)가 맞물려 사용됨으로써 공장 자동화를 하는 데 있어서 가장 중요한 역할을 담당하고 있다.

1.2 압축공기의 특징

밀폐된 공간에 차 있는 공기에 외부에서 힘을 가하면 공기가 차지하는 부피가 줄어들고, 공기 압력은 높아진다. 압력이 높아진 공기를 압축공기라 한다. 압축공기는 외부에서 힘이 가해지기 이전의 상태로 되돌아가려는 성질을 가지고 있기 때문에 이러한 성질을 이용하여 공기압 실린더 및 모터 등을 사용해서 일을 할 수 있다.

압축된 공기의 양이 많고 압력이 높아질수록 외부에 일을 할 수 있는 능력이 많아지게 된다. 이러한 내용에 대하여 1.6절의 단위계 및 공기압 기초 지식에서 설명하였다.

공기압 장치에서 에너지를 전달하는 물질로서 압축공기를 사용하는데, 장점과 단점은 다음과 같다.

(1) 장점

① 양 : 공기의 양은 무한하다.

② 이송 거리 : 공기는 기름에 비해 점성이 1/10000 정도로 매우 적기 때문에 배관을 통하여 먼 거리까지도 빠르게 이송할 수 있다. 그러나 기름을 에너지 전달 물질로 사용하는 유압장치에서는 기름의 점성이 높기 때문에 마찰손실이 많이 발생되어,

이송거리와 속도에 대하여 공기압에 비해 많은 제약을 받게 된다.

③ **저장성** : 저장탱크에 공기를 압축시켜 저장할 수 있기 때문에 계속해서 압축기를 운전할 필요가 없다. 그러나 유압장치에서는 축압기를 사용하여 적은 양의 유압만을 축적할 수 있기 때문에 항상 유압펌프를 구동시켜야 된다.

④ **온도 변화** : 공기는 기름에 비해서 점도도 작고, 온도 변화에 대하여 점도 변화가 없다고 볼 수 있기 때문에 온도 변화에 대해서는 안정적인 속도 제어를 할 수 있다.

⑤ **안정성** : 압축공기는 폭발 및 화재의 위험이 없다.

⑥ **청결성** : 압축공기는 청결하기 때문에 장치로부터 누출된다 하더라도 오염의 원인이 되지 않는다. 그러나 압축기를 운전할 때 윤활을 목적으로 공급한 윤활유의 찌꺼기가 압축공기에 혼입될 수 있기 때문에 의료 및 식품에 관련된 작업에서는 압축공기에 윤활유가 혼입되지 않는 실린더를 사용한다.

⑦ **작업 속도** : 압축공기는 점성에 의한 영향을 거의 받지 않기 때문에 유압장치에 비해 매우 빠른 작업속도($1 \sim 2\,\text{m/s}$)를 얻을 수 있다.

⑧ **무단 변속** : 힘과 속도를 무단으로 조정 가능하다.

⑨ **과부하에 대한 안전성** : 압력 조절 밸브를 사용함으로써 장치 내의 압력을 쉽게 제어한다.

(2) 단점

① **준비** : 압축공기를 만드는 데 습기나 먼지 등을 제거해야 된다.

② **압축성** : 공기의 압축성 때문에 부하 변동이 발생되었을 때 실린더의 균일한 속도 제어와 정확한 위치 제어가 어렵다.

③ **역학적 사용한계** : 어떤 기준 이상의 힘이 요구될 때에는 비경제적이다. 실린더에서의 작동 압력은 6 bar이다.

④ **배기 소음** : 배기 소음이 크다. 배기 소음을 줄이기 위해 밸브의 배기관에 소음기를 설치한다. 단, 소음기의 용량이 작으면 배기되는 압축공기가 저항을 받아 잘 배출되지 않기 때문에 공기압 장치의 작동이 원활하지 않을 수 있으므로 주의해야 된다.

⑤ **운전 비용** : 공기를 압축해서 사용해야 되고, 배관의 연결부 등에서 공기의 누설을 생각했을 때 운전 비용이 많이 든다.

1.3 제어 방식의 비교

표 1-1은 각종 제어에 대한 특징들을 비교한 것이다. 각 특징들에 대하여 표에 잘 정리되어 있다. 두 가지 경우에 대하여만 설명을 추가한다.

표 1-1 ⬇ 각종 제어 방식의 비교

특징 ＼ 전달 방식	공기압	유압	전기	기계
에너지 축적	공기 탱크로 간단	축압기로 가능하며, 대용량의 에너지 축적은 어려움이 있음	직류만을 축전지로	스프링이나 추 등으로 가능, 소규모
동력원의 집중	가능	곤란	가능	약간 곤란
인화 폭발	압축성에 의한 폭발	작동유의 인화성	누전에 의한 화재	별로 관계없다
외부 누설	별로 관계없다	오염, 인화	감전, 화재	관계없다
온도의 허용범위	5~60℃ (최대 : −40~200℃)	50~60℃	40℃이고, 좁다	넓다
과부하 안전대책	압력 조절 밸브	릴리이프 밸브	복잡	복잡
작동 속도	빠르다 1~2 m/s	중간 0.2 m/s	가장 빠르다	느리다
에너지 변환의 효율	약간 나쁘다	약간 좋다	좋다	약간 좋다
출력	중간 (1톤 정도가 기준)	크다 (10톤 이상도 가능)	중간	적다
윤활 대책	필요함	필요없음	별로 필요없음	필요함
배수 대책	필요함	별로 필요없음	관계없다	관계없다
속도 제어	조금 나쁘다	좋다	좋다	나쁘다
중간 정지	곤란	좋다	좋다	약간 곤란
응답성	나쁘다	좋다	대단히 좋다	좋다
부하 특성	변동이 크다	조금 있다	거의 없다	거의 없다
소음	크다	약간 크다	작다	약간 작다

(1) 동력원의 집중

유압장치는 사용되는 기름의 점성 때문에 먼 거리로 압력을 전달하기가 어렵다. 또 사용된 유압유를 기름 탱크로 회수하여 다시 사용해야 하기 때문에 유압 시스템의 규모가 큰 경우에는 하나의 기름 탱크와 유압펌프만으로는 곤란하고, 필요한 곳마다 유압펌프를 설치해야 된다.

그러나 공기압 시스템에서는 공기의 점성계수가 작기 때문에 하나의 압축기를 사용해서 필요한 곳 어디든지 압축공기를 전달해 줄 수 있다. 또한 사용된 압축공기는 공기 중으로 방출해도 오염에 큰 문제를 발생시키지 않는다. 다만, 실린더를 윤활시키기 위해 공급한 소량의 미세한 크기의 윤활유가 배기되는 압축공기와 함께 배출된다.

(2) 과부하 안전대책

공기압 또는 유압은 시스템 운전 중에 필요 이상으로 높아진 압력을 공기압에서는 압력 조절 밸브를 사용해서 압축공기를 대기 중으로 배출하고, 유압에서는 압력 조절 밸브에 연결된 드레인관을 통하여 유압유를 기름탱크로 되돌려 보내면서 계속하여 정상운전이 가능하다.

그러나 전기적인 경우는 과부하시 차단기가 떨어져 더 이상의 전원공급을 하지 않기 때문에 사고를 막을 수 있으나 과부하의 원인을 제거하고 다시 정상운전을 하려고 할 때 꼭 사람이 가서 다시 차단기를 올려 주어야 하는 불편함이 있다.

1.4 공기압 시스템의 구성

그림 1-1은 공기압 시스템의 구성을 나타낸 것이다. 공기압 시스템의 구성은 압축공기를 발생시키는 압축기, 압축기에서 토출된 압축공기를 저장하는 저장탱크, 토출된 공기의 온도를 냉각시켜 주는 애프터쿨러, 압축공기 중에 포함된 수분과 이물질을 제거해 주는 건조기와 공기필터, 압축공기를 사용하여 외부에 일을 하는 공기압 실린더, 모터 그리고 실린더의 전진 및 후진운동을 제어해 주는 각종 제어밸브와 리밋 스위치(limit switch), 각종 배관 등의 부품과 실린더가 설정된 작업을 할 수 있도록 제어해 주는 제어회로 등으로 구성된다.

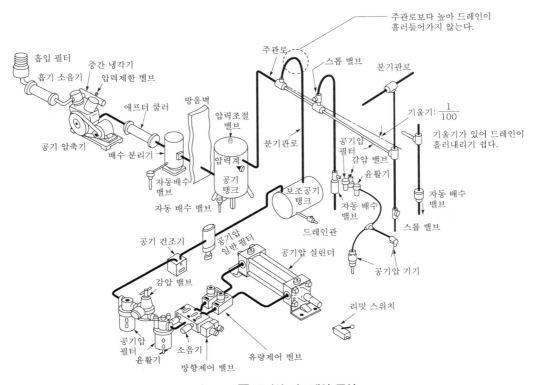

그림 1-1 ↑ 공기압 시스템의 구성

이 책에서 공기압 제어를 배우는 목적은 공기압 시스템을 구성하는 모든 요소들에 대한 기본 원리, 구조 및 사용 방법들에 대하여 배우고, 특히 이러한 공기압 요소들을 가지고 공기압 제어를 하기 위한 기본회로 및 응용회로에 대한 것을 산업현장에서 사용되고 있는 많은 실전 문제를 풀어봄으로써 각종 공장자동화 시스템의 설계 및 유지·보수할 때 부딪히게 될 여러 가지 문제들을 해결할 수 있는 능력을 배양시키는 데 있다.

1.5 실린더의 방향 제어

공기압 시스템을 운용하는 데 있어서 최종의 목적은 공기압 실린더의 방향을 제어하는 것이다.

그림 1-2는 단동식 및 복동식 공기압 실린더의 전·후진을 누름 버튼식 방향제어밸브

를 사용하여 제어하는 것을 나타낸 것이다.

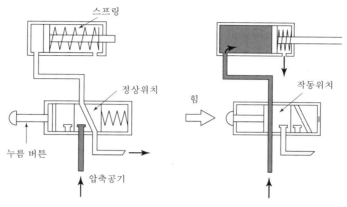

(가) 단동 실린더의 전·후진

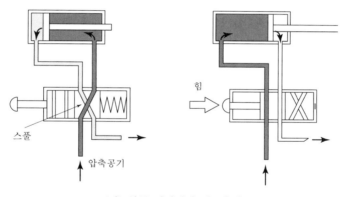

(나) 복동 실린더의 전·후진

그림 1-2 ⬧ 공기압 실린더의 방향 제어

누름 버튼을 누르면 방향 제어밸브 내의 스풀(spool)의 위치가 변환되어 실린더에 공급되는 압축공기의 배관 위치가 바뀌고 피스톤의 운동 방향이 바뀐다. 누름 버튼에서 손을 떼면 스프링 힘에 의해 밸브 위치는 작동 전의 위치로 되돌아와 피스톤은 스프링의 힘 또는 압축공기에 의해 후진된다. 여기에서 밸브에 힘을 가해 스풀의 위치가 변했을 때가 작동위치이다. 그리고 밸브에 가한 힘을 제거해 스프링에 의해 스풀이 원래의 위치로 되돌아 왔을 때가 정상위치이다. 실린더를 전·후진시키기 위해 사용되는 방향 제어밸브를 최종 제어 요소라고도 한다.

1.6 단위계 및 공기압 기초지식

1 SI 단위계

공기압이나 자연 법칙의 이해를 위해서는 그와 관련된 힘, 질량, 길이, 시간, 온도 등 물리량의 단위체계에 대한 지식이 필요하다. 과거에 여러 나라에서 자신들이 필요한 단위계를 사용해 왔지만, 상호 호환성의 문제로 인하여 세계적으로 통일된 단위계가 필요했다. 따라서 통일된 단위계가 SI(International system of unit) 단위계로 불리는 국제단위계이다.

그러나 우리들에게 한 번 입력된 습관이 잘 고쳐지지 않듯이 과거의 공학 단위계를 혼용하여 사용하고 있다. 이 책에서도 필요한 경우에는 보조적으로 공학 단위계로 표현하였다. 예를 들어 우리 생활 주변에서 아직도 사용하고 있는 쌀 1가마, 1말, 고기 1근 등과 같은 표현은 지금은 사용하지 않아야 하는 단위계이다.

표 1-2는 SI 단위계의 6개 기본 단위를 정리한 것이다. SI 단위계와 공학 단위계의 큰 차이는 힘과 질량을 SI 단위계에서는 N(Newton)과 kg으로 표시하고, 공학 단위에서는 kg_f(f는 중량을 표시)와 kg_m(m은 질량을 표시)으로 표시하는 것이다. SI 단위계에서 kg은 항상 질량을 나타내지만, 공학 단위계에서는 질량과 중량을 꼭 표시해야 되는 불편함이 있다. 따라서 SI 단위계로 표시하는 것이 여러 가지 점에서 편리하다.

표 1-2 ▣ 기본 단위

양	명칭 및 기호
길이	미터(m)
질량	킬로그램(kg)
시간	초(s)
전류	암페어(A)
온도	켈빈(K)
광도	칸델라(Cd)

❷ 물리량 및 공기압에 관련된 기초 지식

(1) 힘

힘의 SI 단위는 N(뉴턴)이다. 1 N은 1 kg의 질량을 가진 물체에 $1 \, m/s^2$의 가속도를 주기 위한 힘이다.

$$1 \, N = 1 \, kg \cdot m/s^2$$

(2) 중량과 질량

지상에서 지구 중심을 향하는 어느 물체의 중량은 다음 식으로 표현된다.

$$W = m \cdot g$$

여기서 m은 물체의 질량이고, $g \, (= 9.8 \, m/s^2)$는 지상에서의 중력가속도이다. 따라서 질량이 1 kg인 물체의 지상에서의 중량(W)은 SI 단위로 표현하면 다음과 같다.

$$W = 1 \, kg \cdot 9.8 \, m/s^2 = 9.8 \, N$$

따라서 N과 kg_f 사이에는 다음의 관계가 성립된다.

$$1 \, kg_f = 1 \, kg \cdot 9.8 \, m/s^2 = 9.8 \, N$$
$$1 \, N = 0.102 \, kg_f$$

실제적으로 N과 kg_f을 같은 단위로 취급해도 매우 작은 오차가 발생되기 때문에 다음과 같이 표현하기도 한다.

$$1 \, N ≒ 0.1 \, kg_f$$
$$1 \, kg_f ≒ 10 \, N$$

그리고 지상에서 중력가속도가 작용할 때 1kg의 질량체를 공학단위계를 사용하는 저울로 무게를 측정하면 1kg_f(킬로그램중)으로 표현된다는 것을 이해하여야 한다.

(3) 밀도와 비중

단위체적당 유체의 질량을 밀도(kg/m^3)로 정의한다. 어떤 유체의 밀도를 4℃ 물의 밀도로 나누어 준 값이 그 유체의 비중이다. 참고로 물의 비중은 1, 윤활유의 비중은 0.87, 수은의 비중은 13.6이다. 따라서 윤활유는 물보다 가볍고, 수은은 물보다 무겁다는 것을 알 수 있다.

(4) 압력 단위의 환산

기압 및 kg_f/cm^2 등의 압력 단위가 지금도 사용되고 있지만, SI 단위계에서 압력의 단위는 Pa(파스칼)이다.

1 Pa은 $1 \, m^2$의 면적에 1 N의 힘이 작용할 때의 압력이다.

$$1 \, [Pa] = 1 \, [N/m^2]$$

Pa 단위는 매우 작은 단위이기 때문에 좀 더 큰 단위인 bar가 많이 사용된다.

이 책에서는 특별한 경우를 제외하고 압력의 단위는 bar를 사용한다. 압력을 표현하는 공학 단위인 kg_f/cm^2도 Pa과 bar로 쉽게 바꿀 수 있다.

$$1 \, [kg_f/cm^2] = \frac{1 \, [kg_f]}{1 \, [cm^2]} = \frac{9.81 \, [N]}{1 \, [cm^2]}$$

$$= \frac{9.81 \, [N]}{1 \, [cm^2]} \cdot \frac{(100 \, [cm])^2}{(1 \, [m])^2} = \frac{9.81 \, N}{1 \, [cm^2]} \cdot \frac{(100^2) \, [cm^2]}{1 \, [m^2]}$$

$$= 9.81 \times 10^4 \, [N/m^2] = 0.981 \times 10^5 \, [N/m^2]$$

$$\fallingdotseq 1 \times 10^5 \, [N/m^2] = 10^5 \, [Pa] = 1 \, [bar]$$

실제로 $1 \, kg_f/cm^2$ 라는 압력과 1 bar 라는 압력은 서로 다르지만, 실제 현장에서는 같은 단위로 취급해서 사용하기도 한다. 이 책에서도 $1 \, kg_f/cm^2$과 1 bar의 압력 크기를 같게 사용했다.

(5) 대기압

① 우리가 느끼는 대기압의 크기 : 지표면을 둘러싸고 있는 공기는 지구의 중력에 의해 지구 주위에 대기층을 형성한다. 공기도 질량이 있기 때문에 지표면에서 $1 \, cm^2$

당 1.033 kg$_f$의 중량이 작용된다. 이것이 대기압이며, 공학 단위계로 1.033 [kg$_f$/cm^2] (=0.1013 [MPa])으로 나타낸다. 그러나 우리는 이 대기압을 느끼지 못하고 사는데, 이는 대기압이 우리 몸의 모든 면에 서로 작용하여 평형을 이루어 상쇄되기 때문이다.

② **대기압의 측정** : 단면적이 1 cm^{2}이고 길이가 1 m인 유리관에 수은을 가득 채운 다음, 양쪽 입구를 손가락으로 막는다. 그리고 그림 1-3처럼 대기압이 작용되고 있을 때, 수은이 담겨진 그릇에 유리관을 세우고 수은 속에 잠기어 있는 부분의 손가락을 제거하면 유리관 속의 수은은 천천히 내려가기 시작해서 유리관 속 수은의 높이가 760 mm일 때 멈춘다. 이 때 유리관 상단 부분은 진공 상태로 바뀌게 된다. 만일 윗부분을 막고 있는 손가락을 떼면 유리관 속의 수은은 모두 내려오게 된다. 다시 설명하면 유리관 속의 압력이 진공일 때 대기압은 수은 760 mm를 밀어 올릴 수 있는 힘을 가지고 있다는 것이다.

같은 방법으로 물을 가지고 실험을 하면 물기둥의 높이는 10.33 m가 된다. 이러한 차이가 나는 것은 물의 비중이 1이고, 수은의 비중은 13.6이기 때문이다. 물은 수은보다 13.6배 가벼워서 760 mm의 13.6배가 올라가게 되어 그 높이가 10.33 m가 되는 것이다.

이러한 실험은 토리첼리(Torricelli)에 의해서 이루어졌으며, 이 때 발생되는 진공을 '토리첼리 진공'이라고 한다.

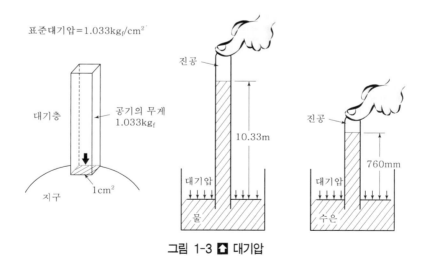

그림 1-3 **⬆** 대기압

(6) 절대압력과 계기압력

대기압의 크기는 지표상의 위치와 높이에 따라 다르기 때문에 지표면상에서 평균한 표준 대기압을 사용한다. 어느 지점에서 대기압을 0으로 기준하여 측정된 압력을 계기 압력이라고 한다.

$$절대압력[kg_f/cm^2_{abs}] = 계기압력(kg_f/cm^2_G) + 표준\ 대기압$$

하첨자 abs 는 absolute의 약어이고, G 는 gauge의 머리글자이다.

그림 1-4 는 절대압력과 계기압력의 관계를 나타낸 것으로, A는 대기압보다 높은 압력일 경우이고, B는 대기압보다 낮은 압력일 경우이다.

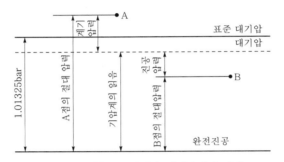

그림 1-4 ⬆ 절대압력과 계기압력의 관계

대기압보다 높은 압력은 정압이라 하고, 대기압보다 낮은 압력을 부압이라고 한다. 부압인 경우 압력의 크기는 진공도(Torr, 토르)로 나타내며, 진공도는 항상 절대압력 으로 나타낸다. 이러한 진공도의 압력은 진공압력을 이용해서 가공물을 운반하는 이 젝터에서 사용하게 된다.

$$Torr_{abs} = 760\,mmHg\,(대기압) - Torr_G\,(진공계에서\ 측정된\ 진공도)$$

이 책에서 사용하는 압력 중 대기압보다 높은 압력은 특별한 경우를 제외하고 계 기압으로 표현한다. 산업현장에서 압력 시스템의 압축기 또는 배관 등에 붙어 있는 압력계의 읽음도 계기압이다.

(7) 공기의 압력과 체적

공기압력에 대한 예로 자전거 바퀴에 공기를 주입하는 것을 들 수 있다. 공기주입 호스를 바퀴에 연결하고 반복하여 공기를 주입하면 처음에는 가볍게 누를 수 있지만 공기가 주입될수록 힘이 더 들게 된다. 이와 동시에 바퀴 튜브도 팽창된다. 이것은 계속된 공기 주입으로 튜브 내부의 공기가 압축되고 압축된 공기는 원래 상태로 팽창하려는 성질이 있어서 바퀴의 튜브를 바깥으로 밀어내기 때문이다. 따라서 튜브 내부의 공기압력은 주변의 대기압보다 높게 된다.

이 내용을 실린더를 사용하여 다시 설명하면 다음과 같다. 외부에서 실린더에 힘을 가하기 전 실린더 내부의 공기압력과 부피는 P_1과 V_1이다. 이 실린더에 외부에서 힘을 가하면 실린더 내부의 압력과 부피는 P_2와 V_2로 변한다. 이 때 다음 식이 성립된다. 압축 전후 공기의 온도는 일정하며, 대문자로 표시된 P_1과 P_2는 절대압력이다.

$$P_1 \cdot V_1 = P_2 \cdot V_2$$

이 식을 보일의 법칙(Boyle's law)이라고 하는데, 압축 전후 실린더 내부의 압력과 부피의 관계를 알 수 있다.

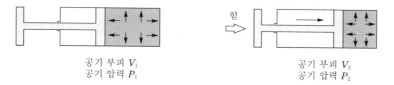

공기 부피 V_1
공기 압력 P_1

공기 부피 V_2
공기 압력 P_2

그림 1-5 ⬆ 일정 온도에서 압력과 부피의 변화

(8) 공기의 온도와 부피

한쪽이 찌그러진 탁구공을 뜨거운 물에 넣으면 찌그러진 부분이 펴져서 다시 원상으로 회복되는 것을 볼 수 있다. 이러한 현상은 온도가 상승하면 공기의 부피가 팽창하기 때문에 나타난다.

그림 1-6에서 실린더 내부의 공기 압력은 일정하게 유지한 상태에서 가열하면 온도 T_1, 부피 V_1인 공기는 온도 T_2, 부피 V_2인 상태로 변환되는데, 이 때 다음과 같은 식이 성립된다(여기에서 T_1과 T_2는 절대온도(K)이고, 절대온도는 주변의 온도에 $273℃$를 더한 값이다).

$$V_1 / T_1 = V_2 / T_2$$

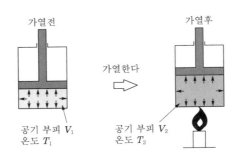

그림 1-6 ✿ 일정 압력에서의 공기의 온도와 부피

즉, 가열 전후의 온도와 부피의 비는 항상 일정하다. 이 식을 샤를의 법칙(Charle's law)이라고 한다.

(9) 압축성 유체와 비압축성 유체

물질의 상태는 고체와 유체로 분류할 수 있다. 유체는 액체와 기체 상태로 나뉘어 진다. 밀폐된 용기에 담겨져 있는 액체는 외부에서 압축하는 힘이 작용하더라도 액체의 부피는 변하지 않는다. 즉, 단위체적당 액체의 질량은 변화하지 않는다. 이러한 액체를 압축되지 않는 비압축성 유체라고 한다. 비압축성 유체 중 적정한 점도와 윤활성 있는 액체를 유압장치에서 에너지 전달매체로 사용한다.

기체는 외부에서 힘이 작용될 때 부피가 줄어든다. 즉, 단위체적당 액체의 질량이 증가한다. 이러한 기체를 압축성 유체라 한다. 압축된 기체는 외부에서 작용한 힘에 대항하여 원래의 상태로 되돌아가려고 한다. 이러한 성질을 이용하여 공기압 장치는 압축된 공기를 에너지 전달매체로 사용한다.

(10) 파스칼의 원리

파스칼의 원리는 공기압 및 유압에서 큰 힘을 얻는 데 사용되는 중요한 원리이다. 이 원리를 이해하지 않고서 공기압 및 유압을 배웠다고 할 수 없다.

용기 내부에 담겨진 물이 밀폐되고 정지해 있을 때, 이 용기에 외부에서 그림에서처럼 힘을 가하면 그림 1-7에서와 같이 압력이 발생되고 용기 내부의 모든 곳에 전달된다. 이러한 원리를 파스칼(Pascal)의 원리라고 한다.

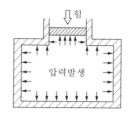

그림 1-7 ✿ 파스칼의 원리

(11) 파스칼의 원리 응용

그림 1-8은 파스칼의 원리를 응용한 예를 설명한 것이다. 물이 담겨져 있는 용기는 지름이 다른 두 개의 피스톤에 의해 밀폐되어 있다. 작은 피스톤의 단면적은 $1\,cm^2$이고, 큰 피스톤의 단면적은 $10\,cm^2$으로 가정한다. 작은 피스톤에 $1\,kg_f$의 추를 올려놓으면 큰 피스톤이 위로 상승한다. 이 때 큰 피스톤에 $1\,kg_f$의 추를 10개 올려놓으면 큰 피스톤이 상승하는 것을 멈춘다. 이 때가 두 피스톤이 평형상태에 도달한 것이다. 두 피스톤에 작용되는 압력을 구하면 다음과 같다.

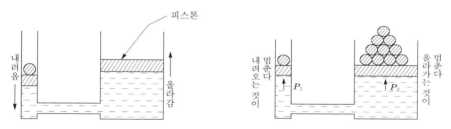

그림 1-8 ✿ 수압기의 원리

$$p_1 = 1\,kg_f / 1\,cm^2 = 1\,kg_f /cm^2$$
$$p_2 = 10\,kg_f / 10\,cm^2 = 1\,kg_f /cm^2$$

즉, $p_1 = p_2$로 양쪽 피스톤에 작용되는 압력은 서로 같게 된다. 이것을 식으로 표현하면 다음과 같다.

$$F_1 / A_1 = F_2 / A_2 \quad \text{또는} \quad F_2 = \frac{A_2}{A_1} \cdot F_1$$

이 식에 의하면 A_1 실린더에 작용하는 힘이 적을 때에도 A_2 실린더의 면적에 따라서 큰 힘을 발생시킬 수 있다. 이것을 파스칼의 원리를 응용한 수압기의 원리라고 하

며, 이 원리를 이용하여 공기압 및 유압장치에서 큰 힘을 발생시킨다.

(12) 연속방정식

그림 1-9와 같은 단면적이 $A_1\,[\mathrm{m}^2]$인 원관 속에 $V_1\,[\mathrm{m/s}]$의 속도로 어떤 액체가 유입되고 있다. 이 액체가 중간에 누설없이 단면적이 $A_2\,[\mathrm{m}^2]$인 원관 속을 통과하는데, 이 때의 속도가 $V_2\,[\mathrm{m/s}]$이다. 단면적 A_2가 A_1보다 작기 때문에 입구에 들어온 액체가 출구로 전부 통과하려면 출구의 속도는 입구의 속도보다 빨라야 된다. 따라서 다음 식이 성립된다.

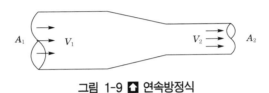

그림 1-9 ⬆ 연속방정식

$$Q\,[\mathrm{m}^3/\mathrm{s}] = A_1 \cdot V_1 = A_2 \cdot V_2$$

여기서, $Q\,[\mathrm{m}^3/\mathrm{s}]$를 체적유량이라 한다. 또한 이 식은 원관 속에 기체가 통과할 때에도 기체의 밀도 변화를 무시할 수 있는 경우에는 사용해도 관계없다.

다음 표 1-3은 많이 사용되고 있는 배수의 접두어를 정리한 것이다.

표 1-3 ⬇ 단위에 곱해지는 배수의 접두어

크기	명칭	기호
$1\,000\,000\,000\,000 = 10^{12}$	테라	T
$1\,000\,000\,000 = 10^{9}$	기가	G
$1\,000\,000 = 10^{6}$	메가	M
$1\,000 = 10^{3}$	킬로	k
$100 = 10^{2}$	헥토	h
$10 = 10^{1}$	데카	da
$1 = 10^{0}$	—	—
$0.1 = 10^{-1}$	데시	d
$0.01 = 10^{-2}$	센티	c
$0.001 = 10^{-3}$	밀리	m
$0.000001 = 10^{-6}$	마이크로	μ
$0.000000001 = 10^{-9}$	나노	n
$0.000000000001 = 10^{-12}$	피코	p

1.7 공기압 시스템에서의 압축공기 누설

현대 산업사회는 자동화기기의 발전으로 값비싼 인력이 다른 형태의 힘으로 대체되고 있는데, 이것들 중 하나가 압축공기의 사용이다. 압축공기는 공기를 압축시킬 때 발생되는 수분 및 이물질을 제거하고 온도를 낮추어 사용해야 하기 때문에 결코 값싼 에너지원은 아니다. 그러나 압축공기를 사용한 각종 자동화기기의 효율성을 고려할 때 꼭 필요한 에너지원이다.

따라서 압축공기를 사용함에 있어서 조금이라도 손실을 줄이는 방법은 누설되는 공기의 양을 줄이는 것이다. 조그만 구멍을 통해서 누설되는 양이 얼마 되지 않는다고 생각되지만, 지속적으로 누설되면 누설되는 양이 엄청나게 된다. 누설되는 공기의 양을 줄이기 위해 누설되는 장소를 찾아야 하고, 가장 확실한 방법은 배관에서 압축공기가 누설되고 있을 때 발생되는 소음의 위치를 찾는 것이다.

예제 1

6 bar의 압력하에서 지름 3.5 mm의 구멍을 통해 누설되는 공기의 양은 얼마인가?

풀이 그림 1-10의 공기 누설량에서 틈새의 지름 3.5 mm를 찾아 그 점에서 수선을 그어 6 bar와 만나는 점을 찾아 왼쪽의 공기 누설량과 만나는 교점의 값을 읽으면 된다.

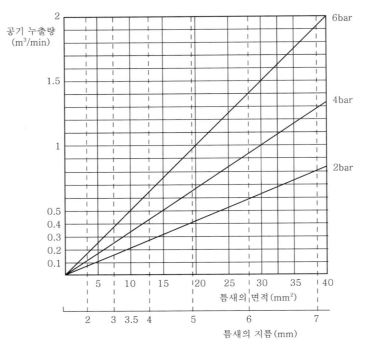

그림 1-10 🔼 공기 누설량

1 m³의 압축공기를 생산하는 데 15원으로 계산하면, 예제 1에서 누설되는 공기의 양이 1분당 0.5 m³ 이기 때문에 1시간에는 30 m³ 의 압축공기가 누설되고, 하루에 720 m³의 압축공기가 누설되어 금액으로는 10,800 원의 손실이 발생된다.

제 2 장
압축공기의 생산

2.1 압축기의 형식

공기압 시스템은 에너지원으로 압축공기를 이용하는데, 압축공기를 얻으려면 공기압축기나 송풍기가 필요하다. 여기서 토출압력이 1 bar 미만의 것을 일반적으로 송풍기라 하고, 1 bar 이상의 것을 압축기(compressor)라고 한다. 송풍기는 다시 송출압력 0.1 bar 미만을 팬(fan), 그 이상을 블로워(blower)라고 한다.

송풍기는 일반적으로 요구하는 위치까지 공기를 보내 주는 역할을 하기 때문에 송풍기에서 나오는 공기량과 압력을 송출압력 및 송출량으로 나타낸다. 그러나 압축기에서 나오는 공기는 압력을 가지고 토해져서 나오기 때문에 토출압력 및 토출량으로 나타낸다.

공기압 시스템은 특수한 용도를 제외하고 대부분 4~6 bar 의 공기압력을 사용한다. 따라서 공기압 시스템에서 공기압 발생장치는 통상적으로 공기압축기가 사용된다.

공기압축기는 크게 용적형과 터보형으로 나뉜다. 용적형에는 왕복 피스톤 압축기와 회전 피스톤 압축기가 있고, 터보형에는 원심 압축기와 축류 압축기가 있다.

용적형은 실린더 내의 체적 변화 원리로 운전되는 것이다. 즉, 실린더에 공기를 가득 채우고, 이 실린더 내부의 체적을 피스톤을 사용하여 감소시킬 때 높아지는 공기 압력을 이용하는 형식이다.

터보형은 공기의 유동원리로 운전되는 것이다. 즉, 회전하는 날개에 의해 공기가 흡입되고 날개를 지나는 사이에 날개로부터 압력에너지를 받아 공기를 압축하는 형식이다.

그림 2-1은 압축기를 분류한 것이다.

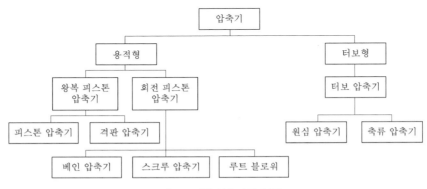

그림 2-1 ⬙ 압축기의 분류

압축기를 설치할 때에는 새로운 공기압 장치의 추가 구입이나 확장을 위해 여유를 두

어 현재의 수요보다 더 많은 양의 압축공기를 생산할 수 있도록 하는 것이 나중에 생산 설비를 확장할 때 추가 비용의 낭비를 막을 수 있다. 그러나 너무 과대한 설비를 하는 것은 많은 비용이 들게 되어 경제성이 떨어진다.

　압축기의 형식은 작업 압력과 공급량 등을 고려하여 결정해야 한다. 그림 2-2 는 압축기를 선정하는 데 사용되는 공기량과 압축 범위를 나타낸 것이다.

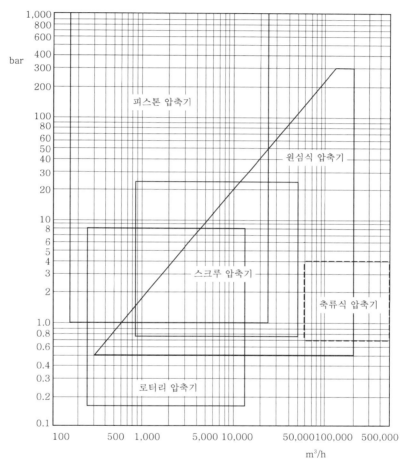

그림 2-2 ✚ 압축기의 사용 공기량과 압축 범위

① 용적형 압축기

(1) 왕복식 피스톤 압축기

　가장 많이 사용되는 압축기이다. 피스톤이 실린더 안을 왕복 운동할 때 공기를 흡입 압축한다. 사용할 수 있는 압력 범위는 약 1 bar에서 수십 bar까지이다.

고압으로 압축하기 위해서는 다단식 압축기가 필요하다. 다단식 압축기에서 흡입된 공기는 첫 번째 피스톤에 의해 압축되고 압축된 공기는 다음 피스톤에 의해 더욱 높은 압력으로 압축된다. 두 번째 압축기의 실린더는 첫 번째 피스톤에 의해 압축된 공기를 더 높은 압력으로 압축시키기 위해서 체적이 작아져야 된다. 첫 번째 실린더에서 압축되는 동안에 압축공기의 온도가 올라가므로 냉각 시스템으로 냉각시켜야 한다.

왕복 피스톤 압축기의 최적 영역은 다음과 같다.

- 4 bar까지 : 1단
- 15 bar까지 : 2단
- 15 bar 이상 : 3단 이상

피스톤을 사용할 때 실린더와 피스톤 사이의 벽면이 마찰열에 의해 붙지 않도록 윤활유를 사용해야 한다. 윤활유는 고온의 공기 때문에 증기상태가 되어 일부는 탄화되거나 타르 상으로 되어 공기압 시스템 내부로 배출되기 때문에 여러 가지 문제를 발생시킨다.

이러한 이유로 압축과정에서 기름 찌꺼기 등 이물질의 혼입을 꺼리는 용도에는 격판 압축기가 사용된다.

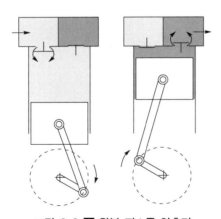

그림 2-3 ⬆ 왕복 피스톤 압축기

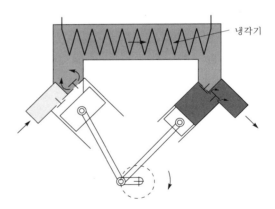

그림 2-4 ⬆ 냉각기가 내장된 2단 압축기

(2) 격판 압축기

왕복 피스톤 압축기의 일종이다. 이 압축기는 격판에 의해 피스톤이 흡입실로부터 분리되어 있다. 공기가 왕복 운동을 하는 피스톤과 직접 접촉하지 않기 때문에 압축 공기에 기름이 섞이지 않게 된다.

이 압축기는 식료품, 제약 및 화학산업 등에 많이 사용한다.

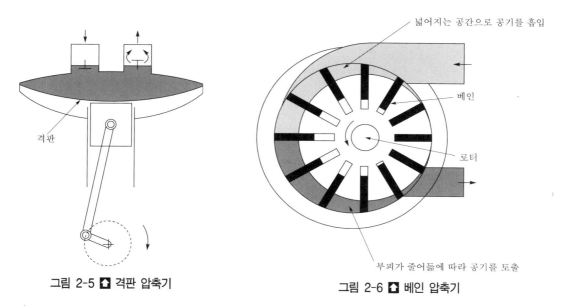

그림 2-5 ⬆ 격판 압축기   그림 2-6 ⬆ 베인 압축기

(3) 베인 압축기

베인 압축기(vane compressor)는 로터의 회전과 동시에 공기실의 부피가 증가될 때 공기를 흡입하고, 공기실의 부피가 줄어들 때 압축된 공기를 토출구로 토출한다.

(4) 스크루 압축기

두 개의 로터가 한 쌍이 되어 축 방향으로 흡입되어 들어온 공기를 서로 맞물려 회전하는 스크루(screw)를 이용하여 압축하는 형태이다.

스크루 압축기의 특징은 다음과 같다.

① 회전 부분이 평형을 이루고 있어 고속회전이 가능하다.
② 소음 및 진동이 작다.
③ 연속적으로 압축공기가 토출되기 때문에 토출된 압축공기의 압력과 토출량이 일정해서 일정한 주기를 가지고 변하는 맥동현상이 발생되지 않는다. 많은 양의 압축공기를 저장할 수 있는 대형의 저장탱크를 가지지 않더라도 공기 저장탱크에서 관로로 공급되는 압축공기에 맥동현상이 없다. 따라서 일정한 압력으로 공기압 실린더 및 각종 제어밸브로 압축공기를 공급시켜 줄 수 있다. 이러한 장점 때문에

스크루 압축기의 사용이 증가되고 있는 추세이다.

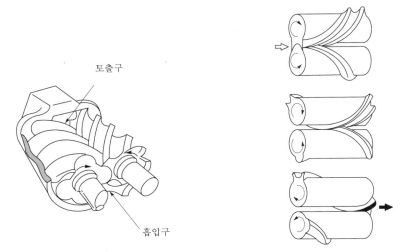

토출구

흡입구

그림 2-7 ⬆ 스크루 압축기

2 터보형 압축기

(1) 축류 압축기

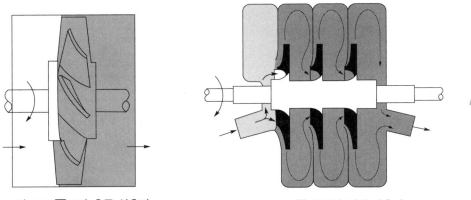

그림 2-8 ⬆ 1단 축류 압축기   그림 2-9 ⬆ 다단식 원심 압축기

공기는 회전하는 날개에 의하여 축 방향으로 흡입되어 출구로 토출된다. 이 때 날개에서 얻어진 압력 에너지를 사용한다. 1단의 날개만으로는 높은 압력을 얻을 수 없으므로 다단의 날개를 직렬로 배치하여 다단 압축을 한다.

(2) 원심 압축기

회전하는 날개에 의해 공기가 흡입되고, 흡입된 공기가 날개를 지나는 사이에 원심력을 받아 압력이 높아져서 출구로 토출된다. 다단식 날개를 거치면서 고압의 공기로 변한다.

2.2 압축기의 선정 기준

가장 경제적인 압축기를 결정하기 위해서는 이론적인 사항뿐만 아니라 경험적으로 얻어지는 관련 사항들도 충분히 검토해야 한다.

1 공급 체적

공급 체적은 압축기가 공급해 주는 공기의 양으로, 이론 공급 체적과 유효 공급 체적으로 구분할 수 있다.

이론 공급 체적은 실린더의 행정체적(실린더 면적×피스톤 행정길이)에 회전수를 곱한 것으로, 누설손실을 고려하지 않은 체적이다. 반면에 누설손실을 고려한 공급 체적을 유효 공급 체적이라 한다. 공급 체적은 $[m^3/min]$ 또는 $[m^3/h]$ 로 표시한다.

2 압력

공기압에서 사용하는 압력에는 작업압력과 작동압력이 있다. 작업압력은 압축기의 출구 압력 또는 탱크나 배관에서의 압력을 의미한다. 작동압력은 공기압 실린더 및 모터를 작동시키는 곳에서 요구되는 압력으로, 대부분 6 bar 이다.

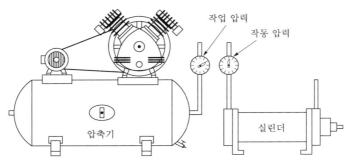

그림 2-10 ✿ 작업압력과 작동압력

🅱 압력 조절

공기압 실린더 및 제어밸브에서 요구하는 공기압을 압축기에서 공급해 주기 위해서는 압축기에서 만들어진 공기를 저장해 두는 저장탱크 내의 압력을 조절해 주어야 한다.

공기압 시스템에서는 압축기로부터 저장탱크 및 각종 밸브 등을 목적대로 사용하기 위하여 압축공기 배관을 해야 한다. 이 배관에는 압축기에서 실린더를 동작시키기 위하여 압축공기를 보내 주기 위한 관로가 있는데, 이러한 관로를 주관로라 하며, 실선으로 표시한다.

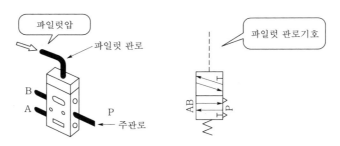

그림 2-11 ✿ 파일럿 조작밸브 및 기호

그리고 방향제어밸브를 동작시키기 위하여 밸브에 압력을 전달해서 제어하는 것을 파일럿 조작이라고 한다. 이 때 사용된 관로를 파일럿 관로라 하고, 점선으로 나타낸다.

저장탱크 내의 압력을 조절하는 방법에는 다음과 같은 것들이 있다.

(1) 무부하 조절

① 배기 조절 : 저장 탱크 내의 압력이 압력제한 밸브의 설정압력보다 높아진 경우에도 압축기의 모터는 계속해서 압축공기를 생산하고, 생산된 압축공기는 압력제한

밸브를 통하여 대기로 배출되기 때문에 공기소모량이 많아지는 단점이 있다.

체크 밸브는 탱크의 압축공기가 압축기 쪽으로 역류되는 것을 방지해 준다. 매우 작은 플랜트인 경우에 효과적이다.

② **차단 조절** : 공기를 흡입하는 압축기의 입구 쪽을 차단하는 조절방법이다. 그림 2-13에서 주관로에서 파일럿 관로로 전달된 압력이 차단 밸브의 스프링 힘보다 커지게 되면 밸브의 작동 위치가 변환되어 압축기의 흡입구가 닫히게 되므로 공기를 빨아들이지 못하게 되고, 진공 범위에서 계속적으로 운전하게 된다.

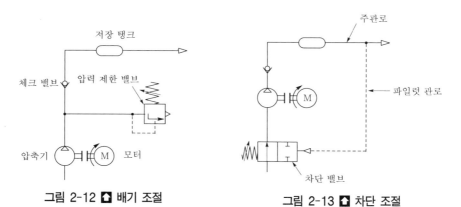

그림 2-12 🔼 배기 조절   그림 2-13 🔼 차단 조절

③ **그립-암 조절** : 압축기의 피스톤이 흡입행정에 있을 때 토출밸브는 닫히고 흡입밸브가 열려 공기를 흡입한다. 압축기 피스톤이 압축을 시작하면 그림처럼 흡입밸브는 닫히고, 흡입된 공기는 압축을 받아 토출구로 토출된다.

토출구의 압력이 시퀀스밸브의 스프링 힘보다 커지게 되면 시퀀스밸브가 작동위치로 변환되어 토출구의 압력이 관로를 통하여 그립 - 암 실린더 상부에 전달되고, 전달된 높은 압력이 그립 - 암(grip-arm) 피스톤을 밀어 흡입 밸브를 연다. 흡입 밸브가 열리게 되면 압축기 피스톤이 전진할 때에도 공기를 압축할 수 없게 된다. 그립 - 암 실린더의 스프링은 피스톤의 자중에 의해 흡입밸브가 열리지 못하게 한다.

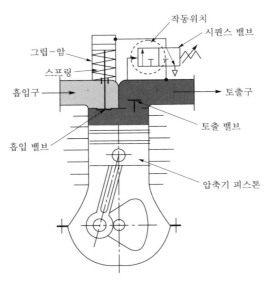

그림 2-14 ✿ 그립 - 암 조절

(2) ON - OFF 조절

이 조절 방법에서 압축기는 작동과 정지 두 가지의 작동 조건만을 갖는다. 압축기의 구동 모터는 공기 저장탱크의 압력이 설정값에 도달하면 정지하고, 최소 압력이 되면 다시 작동하게 된다. 스위칭 횟수를 줄이기 위하여 비교적 대용량의 탱크가 필요하다.

그림 2-15에서 잠금장치가 있는 누름버튼을 작동시켜 전원을 압력스위치를 통하여 코일로 공급시키면 코일에 연결된 레버의 위치가 전진한다. 그러면 전원 L_1, L_2 및 L_3가 모터와 연결되어 전기가 공급되고, 모터는 회전한다.

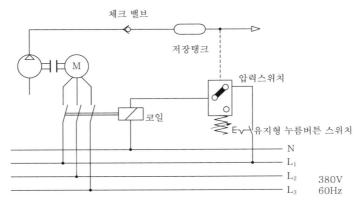

그림 2-15 ✿ ON - OFF 조절방식

공기 저장탱크의 압력이 설정압력에 도달하면 압력 스위치가 차단되어 코일에 공급되는 전원이 끊어져 코일에 연결된 레버는 원래 위치로 되돌아오고 전동기는 정지한다.

누름 버튼은 계속 눌려져 있는 상태이기 때문에 공기 저장탱크의 압력이 설정된 압력 이하가 되면 압력 스위치는 원래의 상태로 되돌아가 전원이 연결되고, 모터는 다시 회전하여 압축공기를 공급한다.

그림 2-15에서 N 은 접지선이고 L_1과 L_2 및 L_3 사이의 전압차는 380V이고, N과 L_1 사이의 전압차는 220V이다.

2.3 압축기 설치 장소

압축기를 포함한 공기압 시스템은 다음과 같은 장소에 설치해서는 안 된다.

(1) 온도가 60℃를 넘는 장소(단, 솔레노이드 밸브는 50℃, 압축기와 애프터쿨러 및 건조기는 40℃)
(2) 5℃ 이하의 온도가 낮은 장소
(3) 상대습도 80%를 초과하는 장소
(4) 바람, 비 및 서리에 직접 노출되는 장소
(5) 복사열이 직접 전달되는 장소
(6) 인체 및 공기압 장치가 유해한 가스에 접촉되는 장소
(7) 분진이 많은 장소

2.4 저장탱크

압축공기 저장탱크는 압축기로부터 전달되는 맥동 현상을 감소시키며, 높은 온도의 저장된 압축공기를 식혀 냉각 효과를 얻을 수 있고, 갑작스런 정전 및 압축기가 정지되어 있는 시간에도 공기압 시스템을 작동시키기 위한 충분한 양의 압축공기를 저장할 수 있

어야 한다. 또한 적정한 크기를 가짐으로써 압축기 동작의 스위칭 수를 감소시켜 압축기가 쉴 수 있는 여유를 주어야 된다.

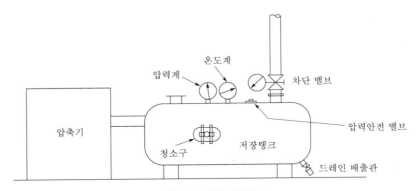

그림 2-16 ⬆ 저장탱크

압축기에서 배관으로 공급되는 공기의 압력은 배관의 크기와 배치방법 등에 따라 다르겠지만 굽힘, 누설, 배관의 길이 및 기타 배관 요소 등에서 0.1 ~ 0.5 bar 정도의 압력손실이 예상되기 때문에 6 bar의 압력으로 공기압 장치를 동작시키기 위해서는 압축기에서 6.5~7 bar의 압력이 공급되어야 한다.

저장탱크의 큰 표면적에 의해 탱크 내 고온의 압축공기가 냉각되어 압축공기에 포함된 수분과 압축과정에서 과포화된 수분이 물로 응축된다. 응축된 물을 드레인이라 하는데, 드레인을 제거하기 위해서는 드레인 관을 설치해야 한다.

공기압 시스템을 사용하는 중요한 장점 중 하나는 화재에 대한 안전성이다. 예를 들어 선박이 항해 중 화재를 당했을 때 전기를 사용하는 제어장치들은 화재로 인하여 전원 공급이 어려운 상태에서는 사용이 불가능하지만, 공기압 시스템은 전원 공급에 관계없이 저장탱크에 저장되어 있는 압축공기를 사용함으로써 안전에 관련된 비상조치를 할 수 있다는 장점이 있다.

표 2-1은 압축기의 소요 동력에 대한 공기탱크의 크기를 나타낸 것이다.

표 2-1 ⬆ 공기탱크의 체적

구동용 전동기의 정격출력[KW]	공기탱크의 체적[ℓ]	구동용 전동기의 정격출력[KW]	공기탱크의 체적[ℓ]
0.2	15 이상	2.2	80 이상
0.4	25 이상	3.7	100 이상
0.75	35 이상	5.5	100 이상
1.5	60 이상		

그림 2-17은 ON−OFF 조절방식에서 저장탱크의 크기를 결정하는 방법을 나타낸 것이다.

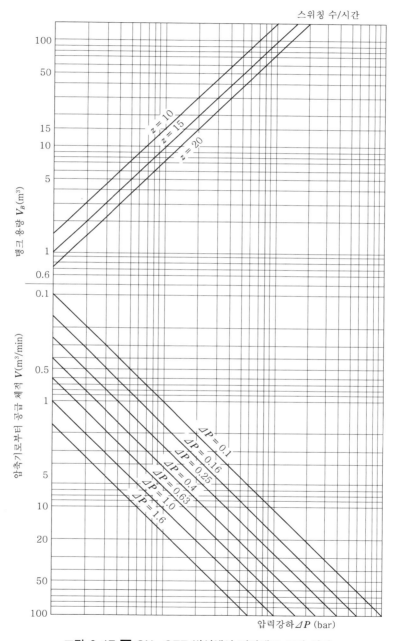

그림 2-17 ◘ ON−OFF 방식에서 저장탱크 크기 선정

예제 2-1

그림 2-17을 이용하여 ON-OFF 조절 방식에서의 저장탱크 용량을 구하시오. 단, 공급 체적은 20 m³/min, 시간당 스위칭 수 Z는 20, 저장탱크의 토출관에서 서비스 유닛까지의 배관에서 압력강하 ΔP는 1 bar이다.

풀이 ΔP가 1 bar 이고 z가 20일 때 만나는 점들을 연결하면 저장탱크 용량 V_B는 15 m³/min 이다.

예제 2-2

그림과 같이 공기압축기를 설치하여 장시간 사용하였는데, 토출관 부근에서 가열에 의한 화재가 있었다. 그 원인과 화재에 대한 대책에 대하여 설명하시오.

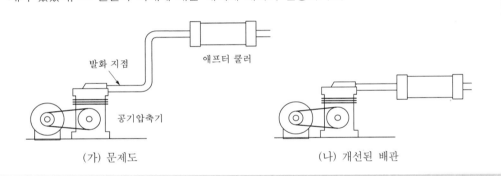

발화 지점   애프터 쿨러   공기압축기

(가) 문제도   (나) 개선된 배관

풀이 압축기가 공기를 흡입하여 압축시키면 공기는 압축되어 높은 온도의 압축공기로 변한다. 예를 들어 온도 30℃의 공기를 흡입시켜 1단 압축에서 10 bar의 압력으로 압축하면 압축공기의 온도는 320℃ 정도까지 상승한다. 압축기에서 토출된 공기가 고온이므로 공기 압축기 토출구 부근의 배관 내부도 고온이 된다.

공기압축기는 피스톤과 실린더 벽면 사이에서의 마찰을 감소시키기 위하여 윤활유를 사용하기 때문에 고온에 의해 윤활유가 탄화되거나 탄화물로 변한다. 탄화물은 토출구와 토출 배관 내부에 부착된다. 점검결과 이 압축기에서는 장시간 사용하였음에도 불구하고 보수 점검이 이루어지지 않았다. 그래서 탄화물이 토출구과 토출 배관 내부에 축적되었고, 고온의 공기로 인하여 발화된 것으로 판단된다. 따라서 배관 내에서 폭발이나 화재를 방지하기 위해 공기압축기는 자주 윤활유의 유무를 점검하고, 토출구와 토출 배관 내의 탄화물을 제거하기 위하여 주기적으로 청소해야 한다.
또 공기압축기의 토출배관은 그림 (나)에 나타낸 것 같이 구부러진 부분을 없이하여 탄화물이 축적되지 않는 구조로 하는 것이 좋다.

또한 애프터쿨러를 공기압축기 출구 가깝게 설치하면 애프터쿨러를 지나면서 온도가 40℃ 정도까지 낮아지기 때문에 화재의 위험성이 없게 된다. 애프터쿨러에 대하여는 압축공기의 냉각에서 배우게 된다.

2.5 배관

① 배관 크기의 선정

공기압 시스템에서 필요로 하는 압축공기는 압축기로부터 배관을 통해 공급된다. 배관의 지름이 작을 때 많은 양의 압축공기가 지나게 되면 배관 내부를 지나는 공기의 속도가 빨라진다. 그러면 마찰손실이 커져서 요구하는 압력과 공기량을 실린더에 공급해 줄 수 없게 된다. 따라서 적정한 지름의 배관을 선택해야 된다. 배관의 지름은 저장탱크와 사용 기계 사이의 압력강하가 0.1 bar 를 넘지 않는 범위 안에서 정해야 한다.

새로운 설비를 계획할 때에는 나중에 확장할 것을 고려하여 압축기 용량 및 배관의 지름 등에 여유를 주어야 한다. 즉, 공기 수요의 증대를 대비하여 배관 지름의 크기를 넉넉히 잡을 필요가 있다. 얼마 지나지 않아 지름이 큰 배관으로 교체하는 것은 비용이 매우 많이 들기 때문이다.

배관의 지름 선택은 다음 사항에 의해 결정해야 한다.

① 공기량
② 배관의 길이
③ 허용 가능한 압력강하
④ 배관 내의 교축효과를 주는 부속 요소의 양
⑤ 작업 압력

배관의 지름을 결정하기 위해 이론적으로 계산하는 식이 있지만, 실제로는 경험에 의한 방법을 많이 사용한다.

그림 2-18 를 이용하면 배관의 지름을 신속하고 간단히 결정할 수 있다.

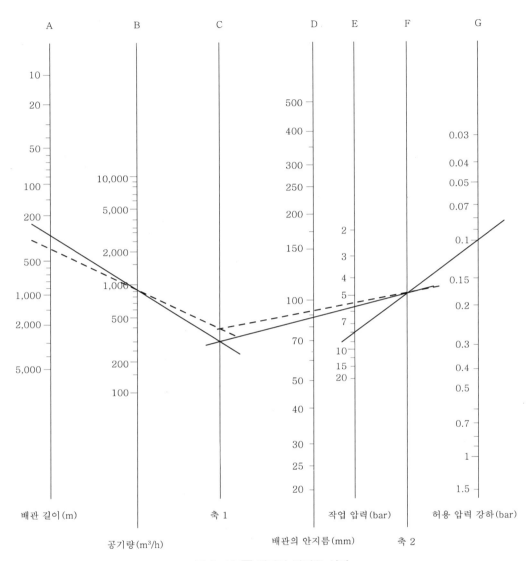

그림 2-18 ✿ 배관의 안지름 선정

예제 2-3

어떤 공장의 공기수요가 240 [m³/h]이다. 3년간의 수요 증가를 300%로 가정했을 때 720 [m³/h]가 추가로 증가되어 총 960 [m³/h]의 수요가 예측된다. 배관의 총 길이는 280 m 이다. 배관 중에는 6개의 T, 5개의 표준형 엘보가 있고, 1개의 2-way 밸브가 있다. 허용압력강하 ΔP는 0.1 bar 이고, 작업압력은 8 bar 이다. 이 경우 배관의 안지름을 결정하라.

그림 2-18에서 선 A (배관 길이)와 B (공기량)의 주어진 점을 연결하면 C 에 교점을 얻을 수 있다. 선 E (작업압력)와 G (허용압력강하)의 주어진 점을 연결하면 F 에 또 하나의 교점이 결정된다. 먼저 결정한 C선의 교점과 F선의 교점을 연결하면 D (배관의 안지름)선에서 하나의 교점이 결정되는데, 이 값이 원하는 배관의 안지름이 된다.

이러한 방법으로 결정된 배관의 안지름은 90 mm 이다. 그러나 90 mm 의 지름은 T, 엘보 및 2-way 밸브에서의 손실은 고려하지 않은 경우이기 때문에 그림 2-19에 나타내고 있는 것처럼 T, 엘보 및 2-way 밸브에서 일어나는 손실을 등가길이의 값으로 표시하여 위와 같은 방법으로 다시 계산해야 한다.

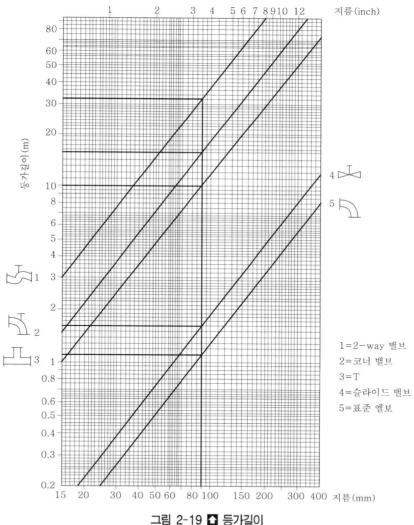

1=2-way 밸브
2=코너 밸브
3=T
4=슬라이드 밸브
5=표준 엘보

그림 2-19 ✿ 등가길이

여기에서 등가길이는 T 및 엘보 등 직선 원관이 아닌 관로에서 발생되는 압력손실의 양을 직선 원관에서 발생되는 압력손실의 양으로 환산하였을 때 같은 압력손실의 양을 가지는 원관의 길이를 나타낸다. 항상 비원형 및 곡관에서 발생된 손실은 기준이 되는 원형 직선관에서 발생된 손실의 값과 비교할 수 있도록 등가길이를 사용해야 된다. 등가길이를 식으로 구하는 방법은 유체역학이라는 과목에 자세히 나와 있다.

그림 2-19에 의하면 안지름이 90 mm인 1개의 T에서 발생되는 압력손실은 안지름이 90 mm 이고, 길이가 10.5 m인 원관에서 발생되는 압력손실과 같다. 같은 방법으로 나머지 엘보 및 2-way 밸브에 대하여 등가길이를 구한다.

6개의 T(안지름 90 mm)	: 6×10.5 m = 63 m
1개의 2-way 밸브(안지름 90 mm)	: 32 m
5개의 표준 엘보우(안지름 90 mm)	: 5×1 m = 5 m
등가길이 합계	: 100 m
원래 주어진 배관길이	: 280 m
배관의 총 길이	: 380 m

따라서 지름이 90 mm 인 6개의 T, 1개의 2-way 밸브 및 5개의 표준 엘보에서 발생된 압력손실의 합은 지름이 90 mm 이고, 길이가 100 m 인 원관에서 발생되는 손실의 크기에 해당된다. 그러므로 등가길이 100 m 를 원래 배관길이 280 m 에 더하여 사용한다.

등가길이를 사용하여 배관의 총길이를 380 m로 하였을 때 앞에서와 같은 방법으로 그림 2-18을 사용하여 배관의 안지름을 구하면 95 mm가 된다.

구해진 치수에 대한 관이 없다면 구한 치수보다 지름이 큰 관을 사용한다.

② 배관 방법

배관은 규칙적인 유지 보수와 점검이 필요하기 때문에 벽 속이나 좁은 공간 안에는 설치하지 않는 것이 좋다. 좁은 공간에 설치하면 배관에서 공기가 누설될 때 검사하기 어렵다.

배관은 압축공기의 흐름 방향으로 1~2%의 경사가 되도록 설계하여야 응축에 의해 생긴 드레인이 낮은 곳으로 모이게 되어 외부로 배출하기가 쉽다. 만일 배관이 압축공기의 흐름 방향으로 기울어져 있지 않으면 겨울철 낮은 온도에 의해 수분이 응축되어 드레인이 발생되었을 때 발생된 드레인이 배관 밖으로 배출되지 않고 동결되어 문제를 발생시킨다.

주 배관에서 분기관로를 연결하여 압축공기를 공급받아 공기압 장치를 구동하는 경우에도 응축에 의해 발생된 드레인이 공기 속으로 혼입되지 않도록 배관의 상부에서 압축공기를 뽑아서 사용해야 한다. 그리고 응축된 드레인을 배출시키기 위한 드레인 관은 배관의 밑부분에 설치하여야 한다.

배관 방법으로 편도 배관, 환상의 배관이 있다.

(1) 편도 배관

그림 2-20의 방식으로 배관을 하여 여러 개의 공기압 장치로 압축공기를 사용하면 압축기로부터 멀리 떨어진 곳에서는 압력손실이 커져 요구하는 압력을 얻기가 힘들다. 따라서 이러한 경우에는 환상의 배관 방법을 사용한다.

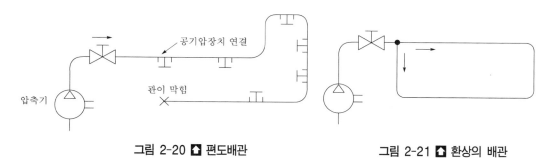

그림 2-20 ◘ 편도배관   그림 2-21 ◘ 환상의 배관

(2) 환상의 배관

환상의 배관에서는 압축공기가 두 방향으로 흐른다. 분기관로는 주 배관으로부터 설치되며, 예제 2-4에서 설명하였듯이 여러 개의 공기압 장치로부터 공기의 소모량이 많은 경우에도 압력 손실값을 적게 하여 압축공기를 공급할 수 있다.

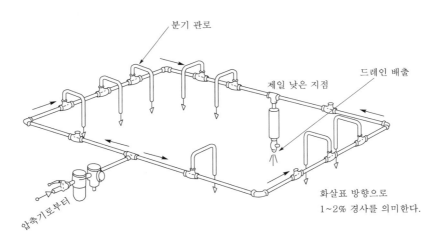

분기 관로

제일 낮은 지점

드레인 배출

압축기로부터

화살표 방향으로
1~2% 경사를 의미한다.

그림 2-22 ⬆ 환상의 배관과 분기관로

예제 2-4

그림 (가)에 나타낸 것 같이 한 방향으로 압축공기가 흘러가는 배관을 하여 공기압기기를 사용하고 있는데, 여러 개의 공기압기기를 동시에 사용하면 압력손실이 많이 발생되어 공기압기기가 원활하게 작동되지 않는 문제가 발생되었다.

발생원인과 해결방안에 대하여 설명하시오.

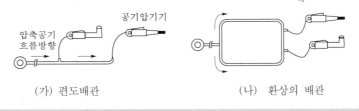

공기압기기

압축공기
흐름방향

(가) 편도배관

(나) 환상의 배관

압력손실이 많이 발생되는 원인은 다음과 같이 생각할 수 있다.

풀이

① 배관지름이 작은 경우 및 배관이 구불구불하여서 압력손실이 많이 발생할 때
② 압력조절밸브, 속도제어밸브 및 방향제어밸브 등의 통로 단면적이 작을 때
③ 공장의 주관로가 편도 배관으로 되어 있을 때 등이다.

이 공장배관은 그림 (가)에 나타낸 것 같이 편도 배관으로 되어 있어서 이것이 압력강하의 원인이 된다. 따라서 그림 (나)처럼 환상의 배관을 사용하여 문제를 해결하였다. 직선 원관에 유체가 통과할 때 마찰로 인해 관 벽에서 발생되는 관 마찰 손실은 다음식으로 구한다.

$$h_l = \lambda \frac{l}{D} \frac{V^2}{2g}$$

여기에서 λ는 관 내벽의 거칠기 및 유체의 점성 등에 따른 관 마찰계수이고, l은 관 길이, D는 관지름, V는 관속을 지나는 유체의 속도이다.

이 식은 유체역학에 소개된 식으로, 속도가 마찰손실에 큰 영향을 미치고, 손실은 속도의 제곱에 비례하여 증가된다. 따라서 편도 배관에서는 모든 압축공기가 하나의 관로로 공급되기 때문에 양쪽 배관으로 압축공기가 나뉘어 공급되는 환상의 배관에 비해 유체의 속도가 빠르고, 그로 인하여 관 마찰 손실이 증가된다.

③ 배관 재료

일반적으로 규격이 1/2 B (바깥지름이 21.7 mm) 이상인 관을 사용하는 고정 배관에는 배관용 탄소강 강관이 사용된다. 아연 도금을 한 백관과 아연 도금을 하지 않는 흑관이 있으나, 녹 발생 억제 등에서 신뢰성이 좋은 백관을 사용해야 한다. 백관은 우리 주변에서 사용하는 은회색의 수도관을 가리키며, 흑관은 색깔이 흑색이기 때문에 흑관이라고 부른다.

내식성이 요구되는 곳에는 동관이나 황동관이 사용된다. 풀림 처리를 한 동관은 신장성이 좋고 가공하기 쉽다. 그리고 스테인리스 관도 사용되지만, 가공하기 어렵기 때문에 지름이 큰 관이나 직선 관로의 배관에만 사용한다.

지름이 작은 배관 및 진동이 있는 곳에는 수지 튜브가 사용된다. 수지 튜브는 내진성, 내부식성, 내유성 및 내약품성이 우수하고, 칼로 손쉽게 절단할 수 있는 등 작업성과 보수성이 좋고 색채 분류에 의한 배관이 가능하다. 그러나 온도와 압력에 약하기 때문에 사용 온도와 압력 범위에 주의해야 한다.

고무호스는 탄성이 크고 구부리기가 좋아 원하는 형상으로 배관이 가능하고 흔들림이 있는 곳에도 사용하기 좋지만, 사용할 때에는 내유성이 있는가를 확인한다. 그리고 오존에 의한 열화로 고무호스의 표면에 크랙이 생길 수 있기 때문에 주의해야 된다. 특히 바깥지름에 비해 안지름이 작고, 안쪽면이 수지튜브에 비해 매끄럽지 않기 때문에 많은 관 마찰 손실이 발생된다. 따라서 공기압 장치에서 많은 공기량을 필요로 하는 경우 예제 2-5처럼 공급 공기량 부족 상태가 될 수 있기 때문에 주의해야 한다.

예제 2-5

그림 (가)처럼 공기압 모터와 실린더를 분기관로에 설치하여 작동시켰을 때 공기량의 공급 부족으로 인하여 실린더와 모터의 작동속도가 불안정하게 되는 경우가 있다.

발생원인과 해결할 수 있는 방법에 대하여 설명하시오.

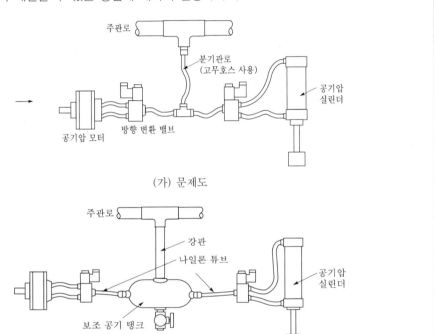

(가) 문제도

(나) 개선된 배관

 풀이 공기압 시스템을 사용하다가 공급 공기량 부족으로 인하여 발생된 문제를 해결하기 위해서는 다음과 같은 사항을 고려해야 된다.

① 분기관로에서 지관을 연결하지 않고 주 관로에서 배관하도록 한다.

② 주관로에서 배관할 수 없을 때에는 공기압 시스템에 공급되는 공기량을 충분히 공급할 수 있도록 분기관로의 지름을 크게 한다.

③ 보조 공기탱크를 설치하여 공기압 장치가 작동하고 있지 않을 때 압축공기를 저장해 놓았다가 공기압 장치가 작동할 때 부족되는 공기량을 공급해 준다.

예제 2-5에서는 직접 주 관로에서 배관하는 일이 곤란하므로 분기관로의 배관을 안지름이 큰 강관과 나일론 튜브를 사용하고, 공기압기기에서 순간적으로 많은 양의 압축공기가 필요할 때에는 보조 공기탱크를 설치하여 문제점을 해결한다.

4 배관의 청소

배관은 방청 처리를 해야 한다. 처음 공압시스템을 설치할 때에는 배관 내부를 압축공기로 불어내어 청소를 하거나 천을 통과시켜 금속 부스러기나 녹, 스케일 등을 제거한다. 이것을 제대로 하지 않으면 공기압 시스템을 사용하는 데 있어서 초기에 많은 문제가 발생되고, 고장의 원인이 된다.

2.6 압축공기의 냉각과 건조

1 애프터쿨러

압축기에서 토출되는 압축공기는 온도가 매우 높으며, 먼지와 습기도 많이 포함하고 있다. 높은 온도의 압축공기는 공기압 시스템을 이루고 있는 장치에 나쁜 영향을 미치기 때문에 공기 압축기에서 압축공기가 토출되면 신속하게 사용 가능한 온도로 냉각해야 한다. 압축공기를 냉각시키기 위하여 사용되는 장치를 애프터쿨러(after cooler)라고 한다.

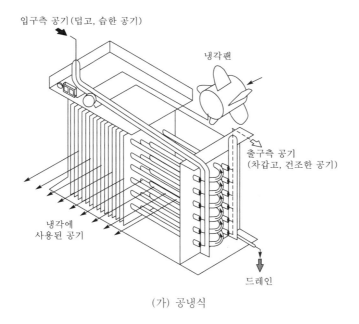

(가) 공냉식

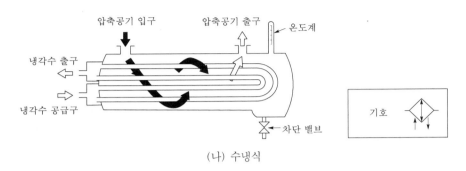

(나) 수냉식

그림 2-23 애프터쿨러

또한 애프터쿨러는 압축공기의 온도를 40℃ 정도로 낮추어 주기 때문에 압축기에서 배출된 기름찌꺼기가 배관 내부에서 화재를 발생시킬 수 있는 것을 막아 준다.

고온의 압축공기가 애프터쿨러에 의해 냉각되는 과정에서 압축공기에 포함된 많은 양의 수분도 함께 제거되기 때문에 공기압 시스템을 운영하는 데 있어서 가장 문제가 되는 수분에 의한 영향을 어느 정도 해결할 수 있다. 이러한 목적으로 사용되는 애프터쿨러는 공기압축기의 토출구와 공기 저장탱크 사이에 설치한다. 그러나 애프터쿨러를 사용해서 냉각시킨 압축공기에는 아직도 많은 양의 수분을 가지고 있다. 따라서 공기압 시스템에서 이 압축공기를 사용하기 위해서는 추가로 건조기를 사용해서 수분을 제거해야 된다.

❷ 압축공기의 건조

(1) 압축공기가 포함하고 있는 수분이 물방울로 변하는 이유

① 공기를 압축하면 부피가 줄어든다. 이 때 공기 중에 있던 수분도 함께 압축되기 때문에 줄어든 부피 내 단위부피당 수분의 양이 증가한다. 증가된 수분의 양은 공기 중에 포화상태로 남아 있을 수 없기 때문에 물방울로 변하여 공기와 분리된다.

② 압축된 공기의 온도를 낮추어 사용하는 과정에서 물방울이 다시 발생된다. 이슬점 온도 곡선에 의하면 온도가 40℃인 공기는 $1\,\text{m}^3$당 50 g의 수분을 포함하지만, 10℃의 공기는 $1\,\text{m}^3$당 9 g의 수분만을 포함한다. 즉, 수분을 포함한 공기의 온도를 낮추면 공기 중에 포함된 수분은 과포화 상태가 되어 응축되어서 물로 변한다. 이 때의 온도를 이슬점이라 한다.

이러한 원리를 이용하여 공기의 온도를 낮추면 공기 중의 수분을 제거할 수 있다. 예를 들어 우리는 냉장된 음료수 병을 상온의 실내에 꺼내 놓으면 잠시 후 병의 표면에 많은 물방울이 맺힌 것을 볼 수 있다. 이것은 실내의 따뜻한 공기 중에 포함된 수분이 병의 찬 표면과 접촉되어 물방울로 변한 것인데, 이러한 현상을 결로현상이라고 한다.

(2) 상대습도 및 절대습도

수분은 흡입공기에 포함되어 시스템 내로 들어오게 되는데, 수분의 양은 그 날의 공기 온도 등 날씨 상태에 따라 달라진다. 절대습도는 $1\,m^3$의 공기 내에 포함된 현존하는 수분의 양이다. 포화량은 그 온도에서 $1\,m^3$의 공기가 포함할 수 있는 수분의 양이다.

$$상대습도 = \frac{절대습도}{포화량} \times 100[\%]$$

공기가 어느 정도 습기를 포함하고 있는가를 표시하는 데 상대 습도를 사용한다. 그러나 우리가 공기압 장치에서 사용하는 공기는 일반적으로 6 bar 에서 사용하는 압축공기이기 때문에 대기압 상태가 아닌 일정 압력에서의 수분 관계를 확인해야 한다.

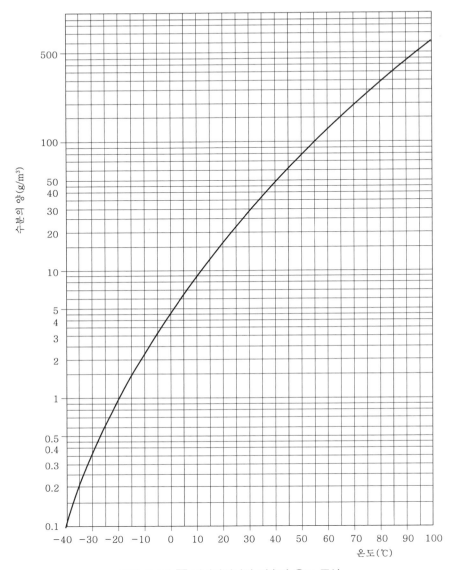

그림 2-24 ✿ 대기압에서의 이슬점 온도 곡선

(3) 대기압노점과 압력노점과의 관계

대기압노점은 대기압 상태에서 수분이 응축되기 시작하는 온도이고, 압력노점은 주어진 압력하에서 용기 안에 있는 공기 중의 수분이 응축되기 시작하는 온도이다.

그림 2-25는 대기압노점과 압력노점과의 관계를 나타낸 것이다. 예를 들어 대기압노점이 −18℃일 때 공기압력 7 kg/cm²에서의 압력노점을 구해보자. 이 경우 대기압

노점 $-18℃$에서 수직으로 선을 그어 압력 $7\,kg/cm^2$의 선과 만나는 교점에서 수평으로 선을 그으면 압력노점은 $10℃$가 된다. 즉, 대기압 상태에서는 $-18℃$에서 응축되지만, $7\,kg/cm^2$의 압력에서는 $10℃$에서 물로 응축된다.

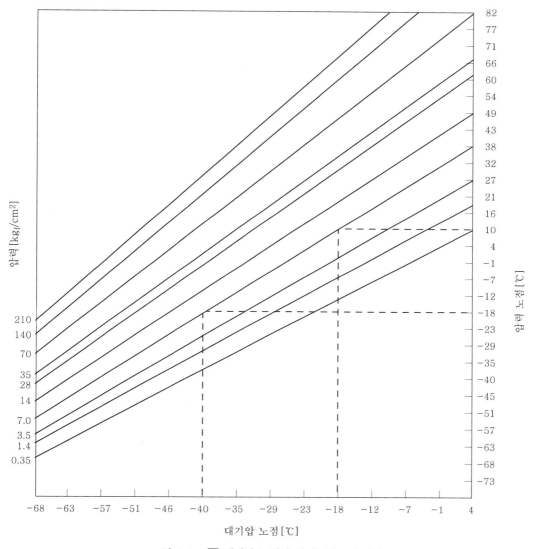

그림 2-25 ⬙ 대기압 노점과 압력노점과의 관계

공기압 시스템이 설치되어 있는 장소에서 온도가 가장 낮은 곳이 $4℃$이라면 압력노점은 $4℃$ 이하가 되어야만 배관에서 결로현상이 생기지 않는다.

일반적으로 $7\,bar$의 압력에서 저온식(또는 냉동식) 건조기는 압력노점이 $4℃$ 정도

이다. 그리고 공기압장치 내부의 부식 방지 또는 전자장비의 오동작 방지를 위해 흡착식(또는 재생식) 건조기를 사용하면 압력노점 −18℃(대기압노점 −40℃에 해당)를 얻기도 한다. 또한 반도체 조립 등 최첨단 장치에는 흡착식 건조기를 사용해 압력노점 −40℃(대기압노점 −58℃에 해당) 이하로 유지하기도 한다.

(4) 수분이 미치는 영향

많은 양의 수분이 포함된 압축공기가 공기압 시스템에 들어갔을 때 발생되는 문제들을 요약하면 다음과 같다.

① 배관, 실린더 및 각종 밸브 등 공기압 요소들이 부식되고 마모가 증가되며, 유지·보수비용을 상승시킨다.
② 실린더 내에서 윤활막 형성을 방해한다.
③ 밸브에서의 스위칭 기능이 손상되어 오동작을 일으킬 수 있다.
④ 민감한 물질(페인트 및 식품공장 등)과 접촉되어 압축공기가 사용될 때 오염 및 손상이 우려된다.

따라서 압축공기는 건조시켜야 한다. 그러나 압축공기의 건조비용은 압축공기 총 생산 비용의 10~20% 정도이므로 효과적으로 운용해야 한다.

③ 건조기의 종류

(1) 흡착식 건조기

흡착식 건조는 물리적인 건조 방식이다. 건조제는 수분을 많이 함유할 수 있는 성질이 있다. 건조제의 종류에는 실리카겔(silicagel), 모큘러시브(molecular seives), 활성알루미나(activated alumina) 등이 있다.

우리 생활 주변에서 습기를 제거해야 하는 식품이나 약병을 열어보면 포장된 건조제를 볼 수 있는데, 이것이 실리카겔이다.

습기 있는 압축공기가 이 건조제를 지나가면 건조제가 압축공기 중의 수분을 흡수한다. 그러면 공기는 습기를 잃고 건조된다. 건조제의 건조능력은 한계가 있어 포화상태에 도달하면 건조능력을 잃지만 다음과 같은 방법에 의해 재생될 수 있다.

그림 2-26에 설치한 팬과 히터에 의해 히터를 통과한 공기는 순간적으로 가열되기

때문에 온도가 높고 건조한 상태이다. 이 공기는 포화상태에 도달된 건조제를 통과할 때 건조제 속의 수분을 흡수하여 대기 중으로 배출하기 때문에 건조제는 다시 본래의 성질을 되찾는다. 건조제가 들어 있는 통을 2개 설치하였기 때문에 번갈아 사용하면 수분으로 포화상태가 된 건조제를 말리기 위하여 시스템을 정지시키지 않고도 계속 운전할 수 있다.

이 방법은 대기압노점 −90℃까지 효과를 볼 수 있다. 일반적으로 건조제의 사용기한은 제한이 없지만, 건조제가 부스러지는 등 2~3년마다 한 번씩 습기 제거 능력이 떨어졌을 때 교환해 주도록 한다.

건조기를 통과하는 압축공기에 압축기에서 윤활을 위해 공급된 기름성분이 포함되어 있을 수도 있다. 기름성분이 건조제의 표면에 달라붙으면 건조제가 제 성능을 발휘할 수 없다. 따라서 건조기의 입구에 오일필터를 설치하여 기름성분을 제거해 주어야 한다. 그리고 건조된 공기가 건조제 작은 조각과 함께 나갈 수 있기 때문에 건조기의 출구에 이물질 제거를 위한 필터를 설치해야 한다.

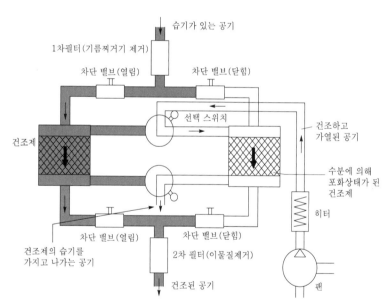

그림 2-26 ✚ 흡착식 건조기의 원리

(2) 저온식 건조기

저온식 건조기는 이슬점 온도를 낮추는 원리를 사용한다. 압축공기는 먼저 더운 공기의 온도를 낮추는 열교환기로 들어가서 열교환기에서 공급되는 차가운 공기에 의

해서 1차 냉각된다. 이 때 열교환기 내에서 응축되는 드레인은 드레인 배출기 1에서 제거된다. 1차 냉각된 압축공기는 냉매를 사용한 냉각기에 들어가 다시 냉각되는데, 이 과정에서 압축공기에 포함된 수분이 응축되어 제거된다.

냉각된 공기의 압력노점은 2~5℃ 정도이고, 출구로 나가는 압축공기의 온도는 겨울에는 열교환기에서 10℃ 내외, 여름에는 30℃ 정도로 높여 준다. 이것은 겨울철에 건조되고 온도가 10℃로 올라간 압축공기는 배출된 관로에서 공기의 온도가 2~5℃ 이하로 떨어지기 전에는 수분이 다시 물방울로 응축되지 않는 성질을 이용한 것이다.

만일 겨울철에 일부 관로에서 결로현상이 발생될 경우 추가로 흡착식 방법으로 압축공기를 건조시켜야 한다. 그러나 결로현상이 미미한 경우에는 관로를 그림 1-1과 그림 2-22처럼 관로에 경사를 주어 신속하게 물방울을 자동배수할 수 있게 한다.

저온식 방식은 경제적이고 신뢰성이 좋고, 유지·보수 비용도 적게 들기 때문에 가장 보편적으로 사용된다.

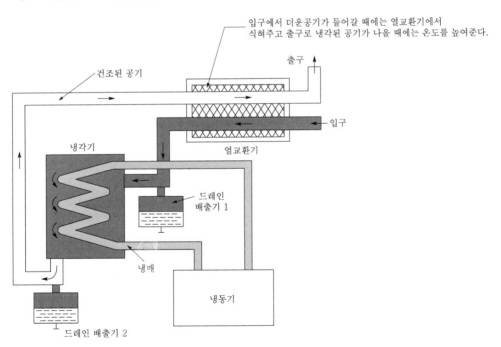

그림 2-27 ✚ 저온식 건조기의 원리

2.7 오염의 제거

① 오염 물질

압축기 내부로 흡입되는 공기 중에 포함된 여러 가지 오염물질이나 공기가 압축되는 과정에서 윤활유 공급으로 인해 발생되는 기름 찌꺼기, 각종 배관 내부에서 발생되는 오염물질들은 공기압 시스템의 수명을 단축시키거나 오작동 등의 원인이 된다. 따라서 이러한 오염물질을 제거해야 되는데, 그 방법으로 필터(filter)를 사용한다.

필터에서 가장 중요한 것은 여과공의 크기이다. 여과공의 크기는 여과될 수 있는 가장 작은 입자의 크기를 의미한다. 예를 들어 $5\,\mu$m 필터는 지름이 0.005 mm 보다 큰 물체는 모두 걸러낼 수 있음을 뜻한다.

(1) 흡입시의 오염물질

압축기 내부로 흡입되는 공기에는 먼지, 수분, 유해가스 및 여러 가지 오염물질이 들어 있다.

(2) 압축기에서의 오염물질

압축기가 동작될 때 내부의 마모를 줄이기 위해서 필연적으로 윤활을 해야 하는데, 공급된 윤활유의 일부는 압축기 내부의 높은 온도에 의해 연소하게 된다. 그러나 윤활유의 일부는 미세 입자의 에어로졸(aerosol) 상태로 변화되어 공기압 시스템 내부를 통과하는데, 이 기름 찌꺼기가 여러 가지 문제를 발생시킨다.

(3) 분배시의 오염물질

패킹에서 떨어진 조각이나 배관을 용접할 때 생성된 잔유물질, 녹 등 고체 물질들이 주류를 이룬다. 이것들은 고체 입자이기 때문에 공기압 시스템에서의 마찰부와 시일의 마모를 증대시키고, 공기압 시스템의 오동작과 고장의 직접적인 원인이 된다. 또한 공기가 충분히 건조되어 있지 않으면 수분이 응축되어 녹 발생을 촉진시킨다.

표 2-2는 공기압 시스템에 이물질이 포함되어 있을 때 기기에 미치는 영향을 정리한 것이다.

표 2-2 ▣ 오염물질과 기기에 미치는 영향

오염물질	기기에 미치는 영향
수분	코일의 절연 불량, 녹을 발생시킨다. 겨울철에 기기의 동결
기름 찌꺼기	고무계 부품의 부풀음, 오염, 도장불량, 지름이 작은 통로의 단면적 축소, 시스템 내부 몸체에 고착
카본	시스템 내부 몸체에 고착, 시일 불량, 누적에 의한 화재 및 폭발, 오염, 지름이 작은 통로의 막힘의 원인
타르상의 카본	시스템 내부 몸체에 고착, 지름이 작은 통로의 단면 폐쇄, 오염
녹	시스템 내부 몸체에 고착, 시일 불량, 오염, 지름이 작은 통로 막힘의 원인
먼지	필터의 눈 막힘, 시일 불량

② 필터의 선정

(1) 공기압 필터의 종류

이물질을 제거하기 위하여 표 2-3과 같은 필터를 사용한다.

표 2-3 ▣ 공기압 필터의 종류

종류		필터 엘리먼트 여과도(μm)	주된 용도
메인라인 필터		50~74	주관로, 분기관로에서 사용, 크기가 큰 이물질 제거, 녹의 제거
공기압 필터	일반용	25~50	일반 공기압 회로용
	정밀용	2~25	정밀 공기압 회로용, 메탈실 전자밸브, 직경 1mm 이하의 오리피스 등에서 사용. 2차 필터로 사용
오일미스트 세퍼레이터		1~0.1	0.3μm 이상의 기름찌꺼기 제거
마이크로미스트 세퍼레이터		0.01~0.1	0.01μm 이상의 기름찌꺼기 제거
기름증기용 필터		0.01~0.003	기름증기의 제거
냄새 제거 필터		0.002~0.0003	냄새의 제거
세균 제거 필터		0.01~0.05	잡균, 박테리아류의 제거

(2) 일반 필터

압축공기가 필터통으로 유입되면 배플(baffle)에 의해 선회 운동을 하면서 비교적 큰 물방울과 먼지는 원심 분리되어 필터통의 벽면 등에 부딪혀 벽을 타고 흘러내려 필터통의 밑에 모인다. 또한 배플은 바닥에 고인 물방울들이 압축공기에 다시 혼입되는 것을 방지하기도 한다.

이렇게 모아진 응축물은 적당한 시기에 제거해 주어야 한다. 그렇지 않으면 다시 공기 중에 흡수되기 때문이다. 따라서 일정량의 드레인이 고이면 자동으로 배출시킬 수 있는 자동 배수밸브를 설치하는 것도 좋은 방법이다. 어느 정도 크기의 이물질이 제거된 압축공기는 필터 엘리먼트(filter element)를 통과하여 출구로 유출된다. 그림 2-28은 먼지 등 고형물의 이물질을 제거하는 공기압 필터의 구조를 나타낸 것이다.

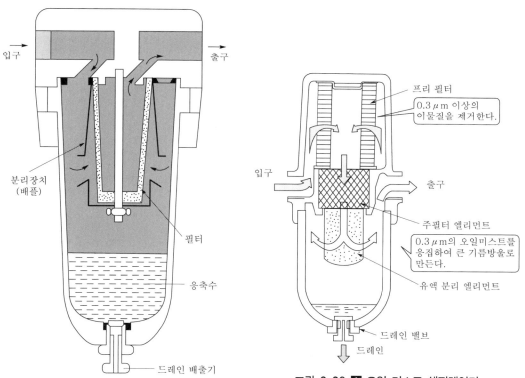

그림 2-28 ➊ 일반 필터의 구조

그림 2-29 ➊ 오일 미스트 세퍼레이터

(3) 오일 미스트 세퍼레이터

압축공기에 포함된 기름입자의 99 % 는 에어로졸 상태의 초미립자이므로 일반 필터로는 제거할 수 없다. 따라서 이러한 기름입자를 제거하기 위해서는 특수 필터 재료를 사용한 오일 미스트 세퍼레이터(oil mist separator)를 사용한다.

그림 2-29는 오일 미스트 세퍼레이터의 구조를 나타낸 것이다. 프리필터로 $0.3\mu\text{m}$ 이상의 찌꺼기 고형물을 제거하고, 주 필터 엘리먼트와 분리 엘리먼트에서 미세한 기름입자를 응집하고 이것들을 제거한다.

오일 미스트 세퍼레이터에서 연기처럼 미세한 오일 찌꺼기를 여과하는 과정은 다음과 같다.

① $1\mu\text{m}$ 이상의 오일 미스트는 압축공기의 흐름과 함께 필터 엘레멘트에 부딪혀 제거된다. 이것을 직접충돌이라고 한다.

② $0.3\sim1\mu\text{m}$의 오일 미스트는 질량이 작기 때문에 압축공기와 함께 필터의 표층부를 통과하지만 필터 내부를 통과할 때 필터 틈 사이를 공기와 함께 휘어져 가면서 빠져 나가지 못하고 필터의 섬유층에 충돌하여 제거된다. 이것을 관성충돌이라고 한다. 이는 곡선 도로를 과속하여 주행하는 자동차가 곡선 도로를 따라 가지 못하고 도로 밖으로 튀어 나가 충돌하는 원리와 같은 것이다.

③ $0.3\mu\text{m}$ 이하의 오일 미스트는 크기가 너무 작기 때문에 압축공기의 흐름을 따라가지 못하고 임의의 방향으로 확산되어 필터 섬유에 부딪히게 된다. 이것을 브라운 운동(brownian movement)이라 한다. 이렇게 섬유에 부딪힌 것들이 모여 큰 기름방울로 커지고, 공기 흐름에 밀려 필터 엘레멘트의 바깥쪽으로 밀려 나가고, 기름방울의 무게 때문에 아래쪽으로 떨어져 바닥에 고이게 된다.

❸ 필터가 가져야 하는 일반적인 사항

(1) 압축공기가 지나갈 때 저항이 작아 압력손실이 작아야 한다.

(2) 여과면적이 커서 장시간을 사용해도 막히지 않아야 한다.

(3) 필터 엘레멘트의 교환 작업 등이 수월해야 한다.

(4) 수분을 제거하는 능력이 좋아야 한다.

(5) 필터 엘레멘트는 일반적으로 필터 전후의 압력차가 $0.7\,\text{kg/cm}^2$ 정도일 때 교환한다. 필터의 종류에 따라 차이가 있으므로 제품 사용설명서를 확인한다.

④ 공기압 필터의 그림기호

(a) 필터

(b) 수동 배출기 부착 필터

(c) 자동 배출기 부착 필터

그림 2-30 ⬆ 공기압 필터

(a) 오일 미스트 세퍼레이터의
기본 기호

(b) 수동 배출기 부착 오일
미스트 세퍼레이터

(c) 자동 배출기 부착 오일
미스트 세퍼레이터

그림 2-31 ⬆ 오일 미스트 세퍼레이트

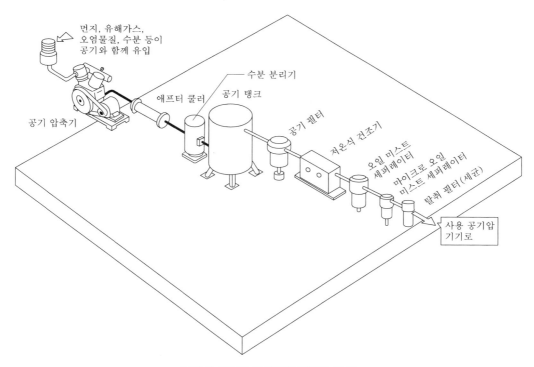

그림 2-32 ⬆ 압축공기 정화용 장치

2.8 공기압 시스템 내부의 압력 조절

압축기로부터 공급되는 압축공기는 어느 정도의 맥동을 갖고 있다. 공기압 시스템에서 공급 압력의 변화는 밸브의 스위칭 특성과 실린더의 동작시간 및 유량제어 등에 영향을 준다. 따라서 일정 크기의 압력 공급은 정확한 공기압 제어를 하기 위하여 공기압 필터 다음에 압력조절기를 달아서 맥동 제거와 공기압 시스템에서 필요로 하는 압력으로 낮추어 공급해야 한다.

압축기에서 토출된 압축공기가 각종 제어밸브에 도달되기 전까지 관로에서의 압력조절에 사용될 때에는 압력조절기라 하고, 각종 제어밸브 및 공기압 센서 등에 공급되는 압력을 낮추기 위해서 사용될 때에는 감압밸브라 한다.

공기압력은 각 동작 부위에 맞게 조정되어야 최적의 동작 상태를 유지할 수 있다. 공기압 시스템의 각 요소에 필요한 공기 압력은 다음과 같다.

- 실린더와 최종 제어요소인 방향제어밸브는 6 bar 정도의 압력
- 제어밸브 : 3~4 bar 정도의 압력
- 저압용 전용부품 : 2.5 bar 이하의 압력

압력 조절기나 감압밸브는 구조상 피스톤 식과 격판식으로 나뉘는데, 격판식이 더 민감하게 동작하므로 훨씬 정확하게 압력을 조절해 주지만, 피스톤 식은 구조가 훨씬 간단한 장점이 있다.

(1) 배기공이 있는 격판식 압력 조절 밸브

공급 압력(입구 압력)의 크기에 관계없이 작동 압력(출구 압력)을 일정하게 유지시키는 것이다. 이 때의 공급 압력은 작동 압력보다 항상 커야 한다.

출구 압력이 높아지면 격판을 아래로 눌러 스프링 2가 눌러진다. 그러면 플런저에 설치된 스프링 1에 의해 플런저가 아래로 내려와 밸브 시트의 통로 단면적을 감소시켜 밸브 시트를 지나는 압축공기에 압력손실을 발생시켜 출구로 공급한다.

출구의 압력이 떨어지면 스프링 2에 의해 플런저는 작동 전의 상태로 되돌아가 플런저와 밸브시트 사이의 통로 단면적이 증가되어 플런저를 통과하는 압축공기에 발생되는 압력손실이 줄어든다. 따라서 압력조절기를 지난 압축공기의 압력이 다시 높

아진다.

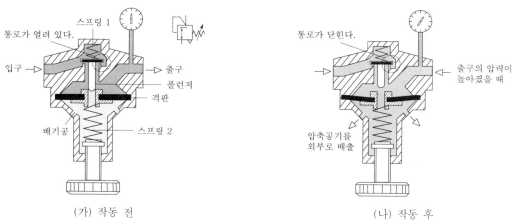

(가) 작동 전   (나) 작동 후

그림 2-33 ⬆ 압력 조절 밸브

출구의 압력이 현저히 증가하면 격판 가운데에 있는 통로가 완전히 열려 압축공기가 배기공을 통하여 외부로 방출된다. 조절나사를 조정함으로써 스프링 2에 걸리는 힘을 변화시킬 수 있다.

(2) 배기공이 없는 격판식 압력 조절기

배기공이 있는 압력조절 밸브와 작동원리가 같으나 출구 압력이 높아지더라도 압축공기가 밖으로 배기되는 것은 불가능하다.

2.9 윤활기

윤활기의 목적은 공기압 장치의 마찰부에 충분한 윤활유를 공급하여 움직이는 부분의 마찰력을 감소시키고, 마모를 줄이고 장치의 부식을 방지한다.

그림 2-34는 윤활기의 원리를 설명한 것이다. 1장에서 설명한 연속방정식에 의하면 그림에 주어진 관의 지름이 가장 작은 부분에서 공기의 속도가 가장 빠르다. 속도가 빠르면 압력이 낮아져 외부로부터 공기나 기름을 빨아들일 수 있다. 반면에 속도가 느려지면 압력이 높아진다. 따라서 지름이 큰 입구 부분은 압력이 높고, 지름이 작은 부분은 압력

이 낮아져서 양쪽에서의 압력차 ΔP가 발생된다. 빨려 들어온 기름은 노즐을 통과하는 공기와 섞여 분사된다. 이것을 베르누이 방정식을 응용하여 만들어진 벤튜리(Venturi) 원리라고 한다. 베르누이 방정식과 벤튜리 원리에 대하여 더 알기 원하는 경우에는 유체역학 교과서를 참조하기 바란다.

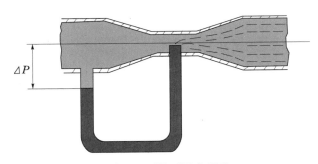

그림 2-34 ⬆ 벤튜리 원리

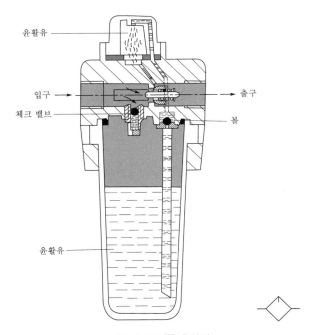

그림 2-35 ⬆ 윤활기

윤활기를 빠져나오는 공기의 양이 너무 작은 경우에는 윤활기를 통과하는 흐름 속도가 너무 느려서 용기로부터 기름을 빨아올리는 데 필요한 압력차를 발생시키지 못하므로 윤활유가 분사되지 못할 수 있다.

윤활기를 사용할 때 발생되는 문제점은 다음과 같다.

- 과도하게 윤활된 부품들은 오동작할 수 있다.
- 압축공기 중에 섞인 윤활유가 배기되어 실내 공기를 오염시킨다.
- 일정 시간 공기압 시스템을 정지시키면 공기압 시스템 내부에 남아 있던 윤활유에 끈적거리는 현상이 발생되어 방향제어밸브 등 부품들이 원활하게 작동되지 못할 수 있다.

윤활기는 실린더 가까운 위치에 설치하도록 한다. 윤활기에는 공기와 윤활유와의 혼합비를 일정하게 하거나 감소시킬 수 있는 장치가 있어야 한다. 그러나 공기압 시스템에서 소비되는 윤활유의 양을 정확하게 정해 주는 것은 어렵다. 왜냐하면 공기 공급량, 피스톤 속도, 배관길이 및 공기온도 등 여러 가지 요인이 윤활유 소비량에 영향을 주기 때문이다. 따라서 경험적으로 윤활유의 양을 조절하는 것도 중요한 방법 중의 하나이다.

예를 들면 윤활된 압축공기를 사용하는 공기압 시스템에서 공기압 실린더와 최종 제어요소의 배기 포트를 통하여 압축공기가 배기될 때 배출되는 압축공기를 흰색의 천이나 종이에 부딪히게 하여 표면에 나타나는 윤활유의 양과 상태를 경험적으로 판단해서 윤활유의 공급량을 결정할 수 있다.

2.10 공기 서비스 유닛

필터, 윤활기 및 압력조절기는 조합을 이루어 많이 사용되는데, 이것을 공기 서비스 유닛(air service unit)이라고 한다.

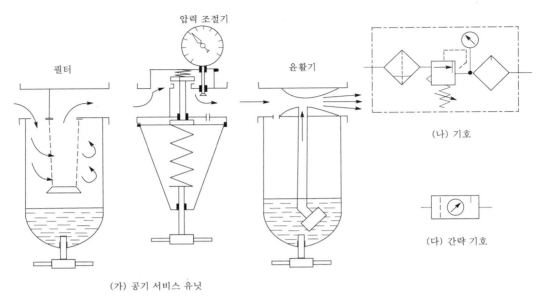

압력 조절기

필터

윤활기

(나) 기호

(다) 간략 기호

(가) 공기 서비스 유닛

그림 2-36 🔷 서비스 유닛

2.11 공기압 시스템의 유지 및 보수

공기압 장치에서 발생하는 오염물을 제거하여 공기압 시스템으로 공급되는 압축공기가 항상 깨끗한 상태를 유지하기 위해서는 공기압 장치를 일정한 기간마다 분해, 점검 및 청소를 해야만 한다.

분해, 점검 및 청소 등에 대한 방법은 장치 사용법에서 제시하는 대로 해야만 한다. 점검할 때 한 번 사용된 시일은 성능이 떨어지기 때문에 원칙적으로 신품과 교환하는 것이 압축공기의 누설을 막는 좋은 방법이다. 교체된 부품들은 착오로 인하여 다시 사용하지 않도록 확실히 폐기한다.

다음은 공기압 시스템 점검시 주의해야 할 사항이다.

(1) 압축기의 입구 필터는 파손 및 눈 막힘 등이 나타났을 때 수리나 청소를 한다. 청소를 해도 성능이 회복되지 않을 때 신품으로 교환한다.
(2) 윤활유의 오염, 열화, 누설 및 압축공기의 탱크 충전시간의 변동과 베어링 마모

등이 일어나지 않았는가를 확인한다.

(3) 애프터쿨러의 냉각능력에 주의를 기울여야 한다. 공냉식의 경우는 방열부에 끼여 있는 먼지 등의 이물질을 제거하고, 수냉식의 경우는 냉각수 관로를 청소한다.

(4) 저장탱크, 건조기 및 필터 등 드레인이 발생되는 곳에 고인 드레인은 수시로 제거하고, 자동 배출 장치가 있는 것은 정상적으로 작동되는가를 확인한다. 또한 발생된 드레인의 오염상태와 양의 변화도 확인한다. 드레인 상태에 변화가 있을 경우 그 원인이 무엇인지 조사한다.

예제 2-6

압축공기 중에 윤활유가 혼입을 되는 것을 꺼리기 때문에 그림 (가)와 같이 윤활유를 공급하는 B시스템과 윤활유를 공급하지 않는 A시스템을 설치하여 사용하고 있으나, 윤활기를 사용하지 않는 A시스템에도 윤활유의 혼입이 발생되어 문제가 발생되었다.

발생원인과 해결 방안에 대하여 설명하시오. 단, 압축기에 공급되는 윤활유가 공기압 시스템으로 혼입되는 영향에 대하여는 무시한다.

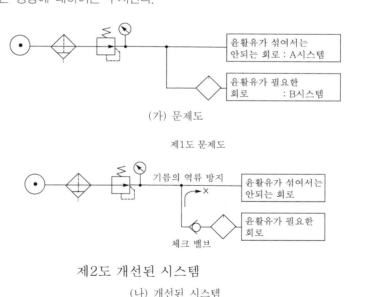

(가) 문제도

제1도 문제도

제2도 개선된 시스템

(나) 개선된 시스템

풀이 이 장치의 가동 상황을 조사하면 A시스템과 B시스템을 번갈아 작동시키고 있다. B시스템을 작동시키고 있을 때에는 A시스템을 동시에 작동시켜도 A시스템으로의 윤활유 혼입은 발생되지 않는다.

그러나 B시스템을 정지시키고 A시스템을 작동시키면 A시스템으로 윤활유의 혼입이 되는 것을 확인할 수 있다. 이것은 B시스템의 운전을 정지시키고 A시스템을 작동시키면 B시스템에서 가압되어 있던 압축공기가 윤활기의 출구 쪽에서 입구 쪽으로 역류한다. 이 때 역류하는 압축공기가 윤활기 내부의 윤활유를 혼입하여 A시스템으로 공급될 수 있다.

따라서 B시스템에 설치된 윤활유가 A시스템으로 역류되지 못하도록 그림 (나)와 같이 체크밸브를 장착한다. 그리고 A시스템 입구에 오일 미스트 세퍼레이터를 설치하면 확실하게 윤활유의 혼입을 막을 수 있다.

제 3 장
공기압 액추에이터

액추에이터(actuator)는 압축기로부터 압축공기를 받아 외부에 대하여 일을 하는 공기압 요소이다. 공기압 액추에이터에는 공기압 실린더와 공기압 모터가 있다.

직선 왕복운동에는 공기압 실린더를 사용하고, 회전운동에는 공기압 모터를 사용한다. 직선 왕복운동만을 필요로 하는 경우에는 다른 어떤 장치보다도 공기압 실린더가 가장 유용하게 사용된다. 그 이유는 방향제어밸브를 사용하여 실린더에 공급되는 압축공기의 방향만 바꾸어 주면 되기 때문이다.

공기압 모터는 압축공기의 소모량이 너무 많고, 시스템을 구성하는 방법에 있어서 전기식 모터에 비해 복잡하고, 효율성이 떨어지기 때문에 공기압 실린더에 비해서 사용빈도가 떨어져 특수한 경우에만 사용된다. 따라서 이 책에서는 공기압 실린더에 대해서만 설명하기로 한다.

공기압 실린더는 간단한 구조와 튼튼한 몸체 때문에 클램핑, 공작물 이송 및 가공 등 매우 넓은 영역에서 사용되고, 다음의 범위 내에서 효과적으로 사용된다.

- 실린더 지름 : 6~320 mm
- 실린더 행정 : 1~2,000 mm
- 힘 : 2~50,000 N
- 피스톤 속도 : 0.02~1 m/s

3.1 공기압 실린더의 구조

(1) 실린더 튜브 및 커버

실린더 튜브는 피스톤의 움직임을 안내하는 것으로 내압성과 내마모성이 요구된다. 실린더 튜브는 보통 강관을 사용하고, 내면은 수분에 의한 녹 발생 및 부식 방지와 마모방지를 위하여 경질[(硬質), 공업용으로 사용] 크롬도금을 한다.

우리 생활 주변에서 많이 보는 장신구 등의 크롬도금은 장식용 크롬도금이며, 공업용에 비해 단단함과 여러 가지 점에서 도금의 성능이 떨어진다.

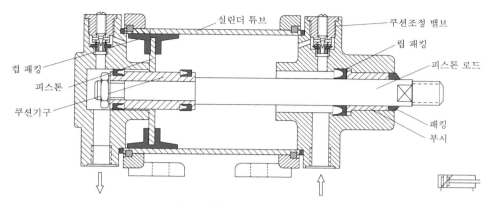

그림 3-1 🔼 공기압 실린더의 구조

커버는 실린더 튜브의 양단에 있고 피스톤의 전진과 후진의 위치를 정한다. 쿠션 기구가 있는 것은 커버 내부에 쿠션 기구를 내장하고 있다. 커버에는 피스톤 로드를 떠받치는 로드 부시와 피스톤 로드 패킹이 장착된다.

(2) 피스톤 및 로드

피스톤은 공기 압력을 받아서 실린더 튜브 내를 미끄럼 운동을 하고, 피스톤 로드와 연결되어 있다.

피스톤 둘레에는 피스톤과 실린더 튜브 사이에서 압축공기가 누설되는 것을 막기 위해 패킹이 장착되어 있다.

피스톤 로드는 실린더 내부에 형성된 압력을 외부에 전달하는 것으로써 압축력, 인장력, 충격력, 굽힘 모멘트 및 마찰이 가해지므로 충분한 강도와 내마모성이 요구된다.

또한 공기압 실린더는 횡방향의 하중이 작용될 때에는 피스톤 로드가 휘고, 로드 부시에 편마모가 발생되어 정상적으로 사용할 수 없기 때문에 주의해야 한다. 따라서 횡 방향의 하중이 예상되는 경우에는 가이드를 장착한 실린더를 사용하여야 한다. 피스톤 로드가 긴 실린더인 경우에도 좌굴하중 또는 휨에 의하여 피스톤 로드의 선단이 처지기 때문에 사용상 검토해야 할 점이 많다.

재질로는 일반적으로 S45C 기계 구조용 탄소강이 사용된다. 피스톤 로드의 표면도 경질 크롬도금을 한다.

모래, 먼지 및 비바람 등에 피스톤 로드가 노출되면 표면에 흠이 발생되어 공기 누설의 원인이 되기 때문에 피스톤 로드를 보호하는 방진 커버를 사용한다.

(3) 시일

시일(seal)은 압축공기의 누설을 방지하거나 이물질의 혼입을 방지한다. 시일에는 고정용 시일과 운동용 시일이 있다. 고정용에 사용되는 시일을 가스켓(gasket)이라 하는데, 주로 O링이 사용된다. O링은 고정용과 운동용에 모두 사용된다.

운동용에 사용되는 시일을 패킹이라 하며, 압력에 의해 립부가 열려서 밀봉하는 형태의 패킹을 립패킹(lip packing)이라 한다. 그리고 패킹에 압축되는 힘이 가해졌을 때 원래의 형태로 되돌아가려는 반발력에 의해서 밀봉하는 형태의 패킹을 스퀴즈 패킹(squeeze packing)이라 한다.

립 패킹에는 형상에 따라 V, U, J, Y 및 L패킹 등이 사용되고, 스퀴즈 패킹에는 O링과 X링이 가장 널리 사용된다.

그림 3-2에 의하면 O링은 A 및 B 어느 쪽의 압력도 차단할 수 있다. 립 패킹은 B 방향의 압력이 작용할 때에는 립부가 열려 밀봉이 잘 된다. 그러나 A방향에서 압력이 작용될 때에는 립부가 눌려져 밀봉이 잘 되지 않는다.

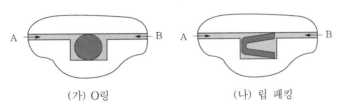

(가) O링　　　　　　　(나) 립 패킹

그림 3-2 ✿ 패킹의 누설방지 원리

패킹명칭		단면형상		패킹명칭		단면형상
립패킹	U패킹			스퀴즈패킹	O링	
	V패킹				각링	
	L패킹				D링	
	J패킹				X링	

그림 3-3 ✿ 립패킹과 스퀴즈 패킹의 형상

피스톤 로드부에서 이물질의 혼입을 방지하기 위해 와이퍼 링(wipering, 더스트 와이퍼 또는 스크레이퍼라고도 한다)을 사용한다.

패킹 재질은 일반적으로 니트릴 고무가 사용되는데, 사용 온도 및 작동 속도에 따라 표 3-1처럼 분류한다.

표 3-1 ▣ 패킹 재질의 선택 기준

재질	사용 온도[℃]	최대속도(mm/s)		비고
니트릴 고무	−10~+80	O링	500	· 내유성이 있는 것인지 확인한다.
		U패킹	1000	· 수분에 의한 동결을 주의한다.
불소 고무	0~150	O링	300	· 니트릴 고무에 비해서 탄성이 떨어진다.
		U패킹	500	· 가격이 비싸다.

시일이 가져야 하는 일반적인 조건은 다음과 같다.

① 양호한 유연성 : 압축되었을 때 원래 상태로 되돌아 오려는 복원성이 좋아야 된다.
② 내유성 : 사용되는 윤활유에 대한 저항능력이 없으면 패킹의 재료가 녹아 사용할 수 없다.
③ 내열 및 내한성 : 높은 온도 및 낮은 온도에서도 패킹 재료의 조직이 파괴되지 않고 양호한 유연성을 가져야 한다.
④ 기계적 강도 : 내구성이 좋아야 한다.
⑤ 조직이 치밀해야 된다. 조직이 치밀하지 않으면 누설된다.

(4) 윤활유를 공급하지 않는 실린더의 패킹

공기압 실린더는 원칙적으로 실린더 튜브와 피스톤 간의 마찰저항을 줄이기 위하여 공기압 실린더에 윤활유가 혼입된 압축공기를 공급해야 된다. 그러나 윤활된 압축공기가 공급되는 것을 원하지 않는 경우에는 무급유형 공기압 실린더를 사용한다.

무급유형 공기압 실린더에 사용하는 패킹의 예로 그림 3-3의 X링 패킹을 사용하고, 패킹의 홈 부분에 고점도의 그리스(grease)를 채워 윤활을 한다.

무급유형 공기압 실린더에 윤활유를 급유하면 윤활유에 그리스가 녹아 패킹 밖으로 배출되어 그리스에 의한 윤활이 안 되기 때문에 주의해야 한다. 또한 수분 발생으로 그리스가 씻겨 나가거나, 실린더 내부에서 녹 발생이 촉진될 수 있기 때문에 주의한다.

3.2 공기압 실린더의 종류

공기압 실린더의 종류에는 사용 목적에 따라 많은 종류가 있다. 여기에서는 가장 기본이 되는 실린더에 대하여만 설명을 한다.

❶ 단동 실린더

압축공기는 한쪽에서만 공급되기 때문에 실린더는 전진할 때만 일을 할 수 있고, 내장된 스프링의 힘으로 원위치로 돌아갈 수 있도록 설계되어 있다. 내장된 스프링 때문에 행정 거리가 제한된다.

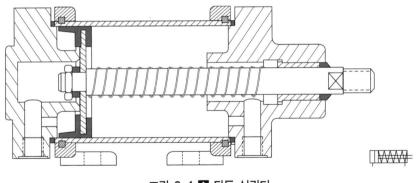

그림 3-4 ✿ 단동 실린더

❷ 복동 실린더

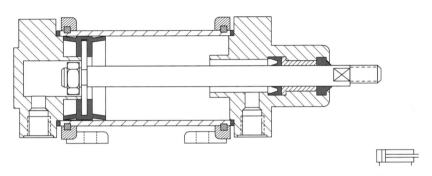

그림 3-5 ✿ 복동 실린더

복동 실린더는 전진 운동뿐만 아니라 후진 운동에서도 일을 해야 할 경우에 사용된다. 피스톤 로드의 휨을 고려해야 되지만, 실린더의 행정거리는 원칙적으로 제한받지 않는다. 표 3-2는 현재 시판중인 복동 실린더의 최대 행정거리를 나타낸 것이다.

표 3-2 ⬧ 표준화된 복동 실린더의 최대 행정거리

피스톤 지름(mm)	6	12	16	25	32	50	70	100	140	200	250
최대행정거리(mm)	100	200	500	500	2000	2000	2000	2000	2000	2000	2100

③ 쿠션이 있는 실린더

피스톤이 행정의 말단에서 실린더 커버에 부딪힘으로써 실린더 커버가 파손되는 것을 방지하기 위하여 피스톤과 실린더 커버 부분에 쿠션 기구를 설치한다.

쿠션의 원리는 그림 3-6에서 보듯이 실린더 커버 부분에 피스톤이 닿기 전에 피스톤 로드에 장착된 쿠션 기구가 공기의 배출 통로를 차단하기 때문에 실린더 내에 남아 있던 압축공기가 한순간에 모두 다 빠져나가지 못하고 실린더 커버에 설치된 관 지름이 작은 통로를 통해 서서히 빠져나간다. 이 때 피스톤과 실린더 커버 사이에 압력이 형성되어 쿠션작용을 하고, 피스톤의 속도가 감속되어 실린더 커버와 피스톤이 부딪히는 충격을 덜어 준다.

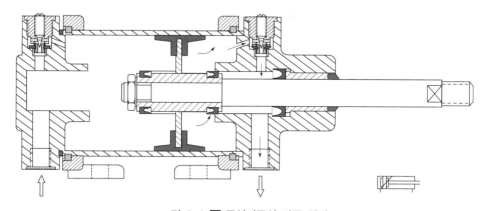

그림 3-6 ⬧ 쿠션기구의 작동 원리

쿠션 조정밸브가 설치된 이 작은 통로를 지나는 공기의 양을 조절해 줌으로써 피스톤이 실린더 커버에 부딪히는 충격의 크기를 조절하여 준다.

④ 양 로드형 실린더

피스톤 로드가 양쪽에 있는 것이다. 피스톤 로드를 잡아 주는 로드 부시가 양쪽에 있어 횡 방향의 힘도 어느 정도 받아 줄 수 있으며, 왕복 운동이 원활하다. 전진 운동과 후진 운동 때 낼 수 있는 힘과 속도가 같은 장점이 있어서 전진 및 후진 속도가 같아야 하는 경우에 사용한다.

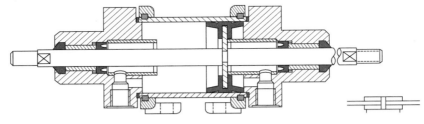

그림 3-7 ✿ 양 로드형 실린더

⑤ 다위치 실린더

한 개의 복동 실린더는 전진과 후진의 위치 2개만을 제어할 수 있다. 그러나 두 개 또는 여러 개의 복동 실린더로 구성되는 다위치 실린더는 여러 개의 위치를 제어할 수 있다. 그림 3-8에 행정 거리가 다른 다위치 실린더를 사용하여 4개의 위치를 제어하는 것을 나타내었다.

(1) A와 D포트에 압축공기를 공급하면 그림처럼 행정거리가 가장 짧은 처음 위치로 실린더가 이동한다.
(2) B와 D포트에 압축공기를 공급하면 실린더 튜브가 우측으로 이동하여 행정거리 1 만큼 실린더가 전진한다.
(3) C와 A포트에 압축공기를 공급하면 행정거리 2인 피스톤이 전진한다.
(4) B와 C 포트에 압축공기를 공급하면 실린더 튜브가 행정거리 1만큼 전진하고, 행정거리 2의 피스톤도 전진하여 가장 긴 위치를 제어할 수 있다.

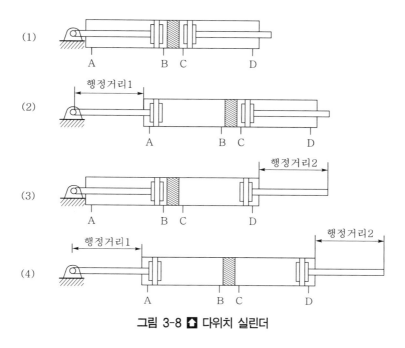

그림 3-8 ⬆ 다위치 실린더

⑥ 충격 실린더

실린더를 성형작업에 사용하기에는 얻을 수 있는 힘이 작을 수 있다. 이러한 경우 큰 힘을 얻어 성형 작업에 사용될 수 있도록 설계된 것이 충격 실린더이다.

충격 실린더의 작동 원리는 다음과 같다. 실린더실 A가 압력을 받을 때 이 상태에서 실린더실 B부분의 압력을 증가시킨다.

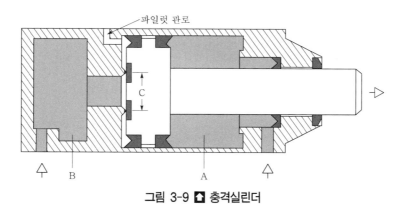

그림 3-9 ⬆ 충격실린더

　C면에 작용하는 힘이 실린더실 A쪽의 피스톤에 작용되는 힘보다 크면 피스톤은 축 방향으로 움직이기 시작한다. 그러면 실린더실 B쪽의 피스톤의 전 표면적에 힘이 작용되고, 작용된 힘이 그림 3-10에서 보여준 바와 같이 실린더 내부의 파일럿 관로를 통하여 실린더실 A에 연결된 정상상태 열림형 3/2-way 밸브의 제어관로에 전달된다.

　일반적으로 C면이 실린더실 A쪽에 공기가 접촉하는 면적보다 크게 설계되어 있다.

　제어관로에 전달된 압력이 설정값에 도달하면 압축기에서 실린더실 A로 공급되는 흐름은 차단되고, 실린더실 A의 압력이 대기 중으로 배기되는 유로가 열려 실린더실 A의 압축공기는 배기되어 압력이 저하된다. 이 때 피스톤은 급속히 가속되어 전진한다.

　그림에 사용된 숫자들에 대하여는 6장에서 배운다.

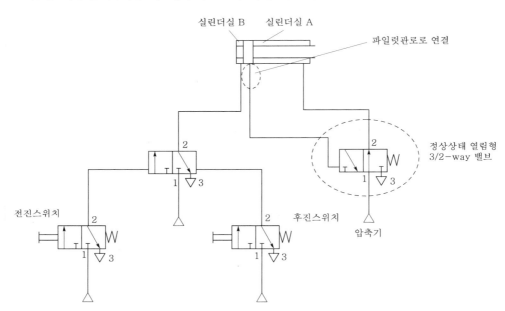

그림 3-10 ✿ 충격실린더의 동작원리

3.3 실린더의 장착 방법

공기압 실린더를 사용해서 일을 하려면 실린더의 사용 목적에 따라 실린더에 작용되는 부하에 견딜 수 있도록 견고하게 장착해야 한다.

부착 형식		구조 예	특징
푸트 (foot)	축방향 푸트형	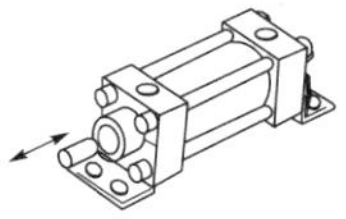	부하가 직선 운동을 한다. 가장 일반적이며 간단한 부착방법. 주로 경 부하용이다.
	축방향 푸트형	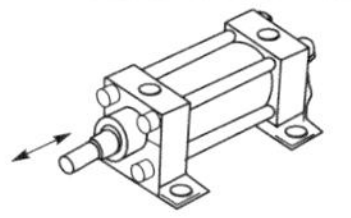	
플랜지 (flange)	로드측 플랜지	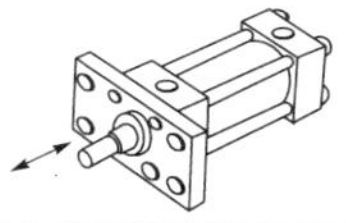	부하가 직선 운동을 한다. 가장 강력한 부착이 가능하다. 부하의 운동방향과 축심을 일치시킨다.
	헤드측 플랜지	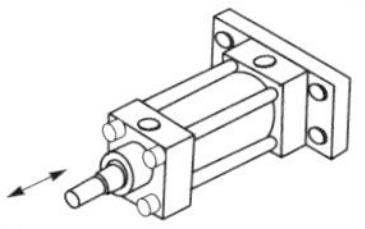	
피벗 (pivot)	분리 아이	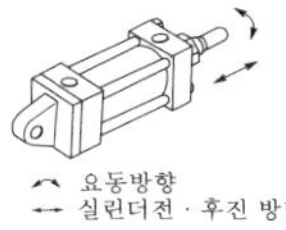 요동방향 실린더전·후진 방향	
	분리식 크레비스	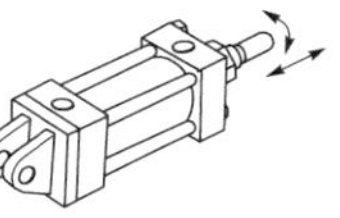	
트러니언 (trunnion)	로드측 트러니언	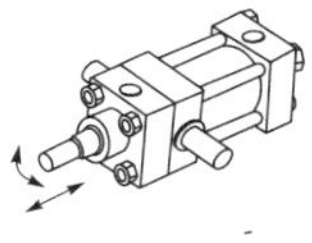	부하의 요동 방향과 실린더의 요동 방향을 일치시켜서 피스톤 로드에 횡하중을 주지 않아야 한다.
	중간 트러니언	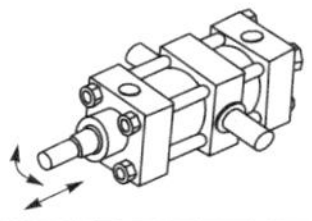	
	헤드측 트러니언	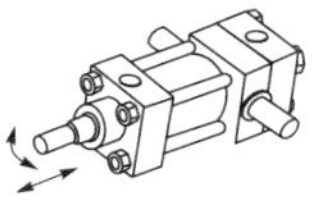	

그림 3-11 ♣ 실린더의 장착 방법

공기압 제어

예제 3-1

공기압 실린더를 그림과 같이 배치하여 1개의 방향제어 밸브로 실린더를 작동시켰다. 그러나 공기압 실린더의 작동이 차츰 늦어지는 현상이 발생하여 작동불량을 일으켰다.

발생 원인과 문제점 해결방안에 대하여 설명하시오.

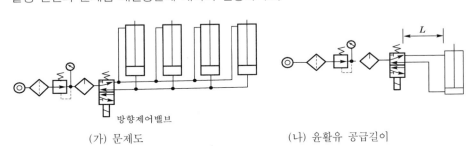

(가) 문제도   (나) 윤활유 공급길이

풀이
공기압 실린더를 분해해 보면 피스톤 패킹과 로드패킹이 마모되고 내부에는 윤활유가 거의 없는 상태였다. 윤활기를 조사해 본 결과 공기압 실린더에서 상당히 떨어진 위치에 설치되어 있었고, 공기압 실린더보다는 높이가 낮은 위치에 설치되어 있다. 이러한 이유 때문에 윤활기에서 윤활유 공급이 공기압 실린더에 미치지 못했다고 예상된다. 배관의 말단에 위치한 공기압 실린더에 윤활유가 혼입된 압축공기를 공급하여 윤활하고자 할 때에는 공기압 실린더의 행정체적보다 그림 (나)에서 설명하고 있는 방향제어 밸브에서 공기압 실린더 입구까지의 배관 내의 체적이 크면 실린더가 전·후진할 때 배관 내에 차 있는 공기만 출입할 뿐 윤활유를 포함한 압축공기는 공기압 실린더까지 도달하지 못한다. 따라서 윤활유가 윤활기로부터 공기압 실린더에 도착되기 위해서는 (i)식 또는 (ii)식을 만족시켜야만 한다.

$$V_1 < \alpha \frac{(p_1 + 1.013)}{1.013} V_2 \text{ [cm}^3\text{]} \qquad \cdots\cdots \text{(i)}$$

$$L < \alpha \frac{(P_1 + 1.013)}{1.013A} V_2 \text{ [cm]} \qquad \cdots\cdots \text{(ii)}$$

단, A : 방향제어밸브와 공기압 실린더 사이의 배관 단면적 [cm²]

    P_1 : 사용공기압력[bar]

    L : 방향제어밸브와 공기압 실린더 사이의 배관 길이 [cm]

    V_1 : 방향제어밸브와 공기압 실린더 사이의 체적 [cm³]

    V_2 : 공기압 실린더의 행정체적[cm³]

    α : 0.7 이하를 사용한다. 수평배관에서 엘보 등 이음매가 없을 때는 0.6, 이음매가

있을 때는 0.5, 300 mm 이상의 수직 배관인 경우에는 0.2~0.3을 사용한다.

이 장치에서 주어진 조건에 의하여 계산하여 보면 식 (i) 및 (ii)를 만족시키지 못하고, 배관 내의 체적이 공기압 실린더의 행정체적보다 큰 것으로 판명되었다.

이 때문에 윤활된 압축공기가 공기압 실린더에 도달하지 못해 윤활유 부족에 따라 실린더 내벽과 패킹 사이에 마찰현상이 발생되었다. 따라서 패킹에 마모가 발생되었기 때문에 공기누설이 발생되고 실린더가 작동 불량이 된 것으로 판단된다.

그러나 배관의 말단에 공기압 모터를 설치한 경우에는 방향제어밸브에서 공기압 모터까지의 거리가 멀더라도 공기압 모터는 회전할 때 계속해서 배관 내에 있는 압축공기를 배출하므로 윤활된 압축공기는 공기압 모터를 통과할 수 있다.

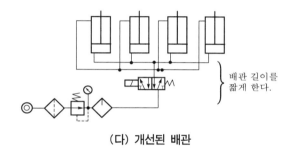

배관 길이를 짧게 한다.

(다) 개선된 배관

해결 방안으로 솔레노이드 밸브에서 공기압 실린더 입구까지의 체적을 공기압 실린더의 행정체적보다 작은 배관 체적으로 하기 위해서 그림 (다)와 같이 윤활기를 4개의 공기압 실린더의 중심에 배치하여 배관길이를 가능한 한 짧게 하여 문제를 해결하였다. 또한 윤활기는 공기압 실린더보다 높은 위치에 설치하는 것이 좋다.

3.4 실린더 지름과 압력과의 관계

공기압 실린더의 지름은 실린더 내의 압력 및 부하와 관계가 있으며, 그 크기는 그림 3-12을 사용하여 예제 3-2처럼 구한다. 이 그래프는 실린더의 패킹에서 발생되는 마찰력 10%를 고려한 자료이다.

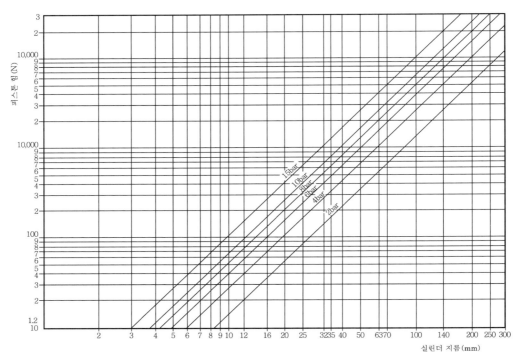

그림 3-12 🔼 **부하와 공기압에 따른 실린더의 지름**

 예제 3-2

800N의 부하가 작용될 때 실린더에 공급되는 공기압력을 6 bar로 하면 실린더 지름은 얼마로 해야 하는가?

풀이 그림 3-12에서 세로축의 피스톤 힘 800 N을 찾아 오른쪽으로 이동하여 6 bar와 만나는 지점을 찾아서 수직으로 내려온다. 그러면 실린더 지름이 40~50 mm 사이가 되는데, 표준형의 실린더 지름을 사용하기 위해서 50 mm를 취한다.

그런데 50 mm의 실린더 지름을 사용할 때는 800 N과 만나는 점을 찾게 되면 약 4.5 bar가 나오게 된다. 즉, 지름 50 mm의 실린더에 4.5 bar의 압력을 사용하여도 800 N의 피스톤 힘을 얻을 수 있다. 그러나 공기압 시스템에서 대부분 6 bar의 압력을 사용하기 때문에 좀 더 큰 힘이 나오더라도 관계없는 경우에는 그대로 사용한다.

표 3-3은 현재 시판중인 표준 실린더의 규격이다. 실린더에서 필요로 하는 힘에 대한 모든 규격의 실린더를 만들어 사용할 수 없으므로 표준 실린더의 규격을 만들어 사용한다. 참고로 ISO 규격에서는 10 mm, 20 mm, 40 mm, 63 mm 및 125 mm인 5가지 규격의 실린더를 더 사용한다.

표 3-3 ▣ 공기압력 6 bar에서 표준 실린더의 추진력

피스톤 지름(mm)	8	12	16	25	32	50	80	100	160	200	250	320
추진력(N)	30	60	120	290	480	1,170	3,010	4,719	12,050	18,840	29,430	48,230

3.5 좌굴 하중

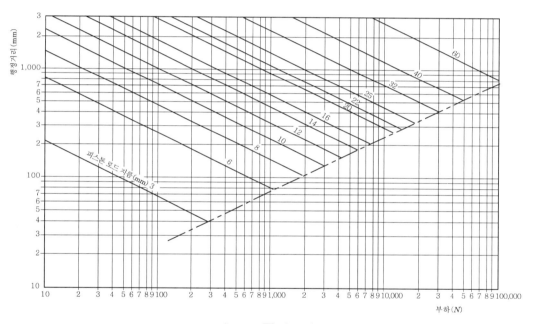

그림 3-13 ▣ 좌굴 하중

실린더에 발생된 힘은 피스톤 로드에 의해서 전달되는데, 행정이 길고 힘이 클 때 피스톤 로드가 휘는 문제가 발생할 수 있다. 이 때문에 피스톤 로드의 허용 가능 좌굴하중을 결정하여야 한다.

허용 가능 좌굴 하중에 따른 피스톤 로드지름은 그림 3-13을 사용하면 쉽게 구할 수 있다. 그림 3-13은 부하가 가장 심한 조건 즉, 실린더의 장착 방법이 힌지 마운팅이고 피스톤 로드를 옆에서 지지해 주는 가이드가 없는 경우이다.

예제 3-3

　부하가 900 N, 행정거리 500 mm, 피스톤 지름이 50 mm일 때 피스톤 로드지름은 얼마가 되어야 되는가?

 풀이　가로축의 힘에서 900 N을 찾고, 세로축의 행정거리 500 mm를 찾아 서로 만나는 점을 찾아보면 피스톤 로드 지름이 14~16 mm 사이가 나온다. 따라서 피스톤 로드지름은 16 mm를 취하도록 한다.

3.6 피스톤 속도

　공기압 실린더의 사용 가능한 속도 영역은 0.02~1 m/s 정도이다. 피스톤 속도가 20 mm/s 이하가 되면 피스톤 운동이 고르지 못한 스틱슬립(stick-slip) 현상이 발생한다. 이것은 피스톤을 작동시키는 힘이 피스톤과 실린더 벽면 사이에서 발생되는 정지마찰력보다 충분히 크지 못해서 발생되는 현상이다.

　그러나 폐쇄회로를 가진 유압실린더와 조합되어 사용되면 0.5 mm/s의 속도까지도 매끄럽게 얻을 수 있다. 이 방법에 대하여는 이 책에서는 설명하지 않았다.

　피스톤 속도가 1 m/s 이상이 되면 피스톤과 패킹에서의 마찰손실과 배관에서의 압력손실이 너무 커져서 비경제적이 된다.

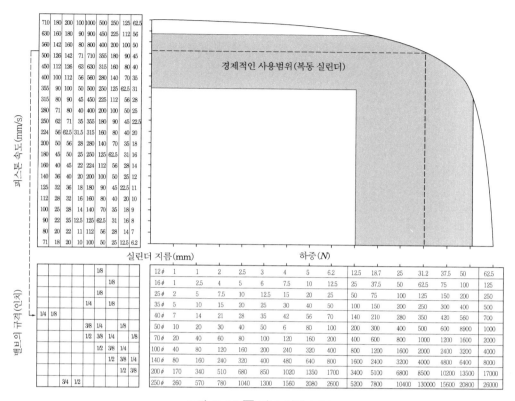

그림 3-14 🔼 밸브 선택 도표

예제 3-4

실린더에 작용되는 하중이 350 N이고, 실린더 지름은 40 mm이다. 1/8인치 밸브를 사용할 때 피스톤의 속도는 300 mm/s를 낼 수 있는가?

풀이 그림 3-14를 이용하면 된다. 실린더 지름 40 mm와 하중 350 N이 만나는 곳에서 수선을 그어, 실린더의 사용범위를 나타내는 곡선과 만나는 점에서 좌측으로 수평선을 긋고, 밸브의 규격에서 수직으로 올라온 선과 만나는 점의 좌표를 읽으면 약 130 mm/s가 된다. 따라서 1/8인치 밸브를 사용했을 때에는 130 mm/s 밖에 속도를 낼 수 없으므로 한 단계 큰 1/4인치 밸브를 사용해야 한다.

1/4인치 밸브를 사용했을 때에는 500~560 mm/s 사이의 속도를 낼 수 있어서 문제에서 요구한 조건을 충족시킨다.

표 3-4는 현재 시판중인 실린더에 연결 가능한 밸브의 크기이다. 여기에서 밸브의 크기는 압축공기를 통과시키는 밸브의 포트 지름을 뜻한다.

표 3-4 ☑ 실린더에 연결 가능한 밸브의 크기

실린더 지름(mm)	6	12	16	25	32	50	80	100	160	200	250
밸브의 유효 지름(인치)	M5	1/8	1/8	1/8	1/8	1/4	1/4	3/8	3/8	1/2	1/2
밸브의 유효지름(특수시방, 인치)				1/4	1/4	3/8	3/8	1/2	1/2	1	1

3.7 공기 소모량

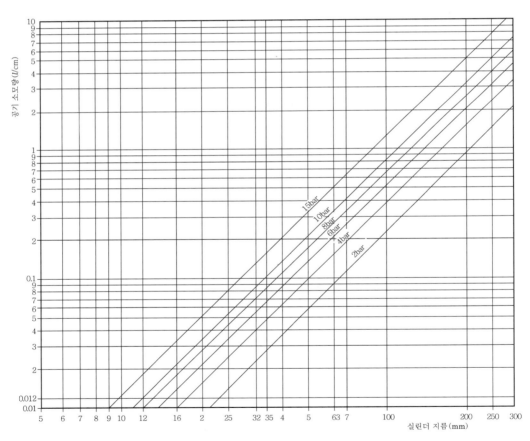

그림 3-15 ☑ 공기 소모량

압축공기 생산 계획을 세우기 위해서는 실린더에서의 공기 소모량을 알 필요가 있다. 사용 공기압력, 피스톤 지름 및 행정거리를 알면 공기 소모량은 그림 3-15를 사용하여 구할 수 있다.

예를 들어 실린더 안지름 50 mm이고 실린더 작동압력이 6 bar인 경우 공기 소모량은 실린더 지름과 작동압력이 만나는 점에서 수평선을 그어 만나는 점의 값을 읽으면 1 cm 행정 길이당 공기 소모량은 0.134 [l/cm] 정도이다.

예제 3-5

실린더의 안지름 50 mm, 행정 s는 100 mm이고 로드 지름이 12 mm인 복동 실린더의 공기 소모량은 얼마인가? 단 분당 행정횟수 n은 10회이며, 작동압력은 6 bar이다. 그림 3-15를 사용하여 구하시오.

 풀이 단동 실린더의 경우 사용된 공기량

$$Q = s \times q \times n = 10\,[\text{cm}] \times 0.134\,[l/\text{cm}] \times 10[\text{회}/\text{min}] = 13.4\,[l/\text{min}]$$

여기에서 s : 행정 [cm]

q : 1 cm의 행정 길이당 공기 소모량 [l/cm]

n : 분당 행정횟수 [회/min]

복동 실린더의 경우에는 피스톤 로드가 차지하는 체적을 무시하고 단동실린더의 2배로 계산해도 무방하다.

$$Q = 13.4 \times 2 = 26.8\,[l/\text{min}]$$

제 4 장

완 충 기

1 완충기

빠른 속도로 움직이고 있는 물체를 고정되어 있는 물체에 부딪쳐서 정지시키면 움직이는 물체와 고정 물체 사이에는 큰 충격력이 발생한다. 이것은 움직이고 있는 물체의 운동 에너지가 충격 에너지로 변환되기 때문이며, 운동 에너지가 크고 정지하는 시간이 짧을수록 큰 충격력이 발생된다.

이러한 충격현상은 빠른 속도로 움직이고 있는 공기압 실린더 및 유압 실린더에서 많이 발생되는데, 충격력이 큰 경우에 실린더 커버, 피스톤 로드 및 실린더를 지지하고 있는 고정부 등 공기압장치 부품들에 큰 충격을 미쳐 파괴되는 등 장치의 수명에 나쁜 영향을 미친다.

이러한 현상을 방지하기 위하여 실린더 내부에 쿠션장치를 설치하여 피스톤과 실린더 커버가 부딪히는 충격을 흡수하나, 피스톤의 속도가 빠르면 쿠션장치에서 충격력을 전부 흡수할 수 없기 때문에 피스톤 로드가 휘거나, 실린더의 커버 및 실린더의 장착 부분이 파손된다. 이러한 경우에는 피스톤의 행정 말단 부분에 완충기를 설치하여 충격을 흡수한다.

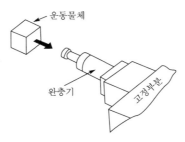

그림 4-1 ◘ 완충기

2 완충기의 종류

(1) 스프링식 완충기

스프링의 탄성력을 이용하여 충격력을 흡수하는 방식이다. 구조가 간단하나 크기가 다른 충격력이 완충기에 작용되었을 때 장착된 하나의 스프링을 가지고는 모든 충격력을 전부 완벽하게 흡수할 수 없고, 남는 충격력이 완충기에 충격을 주어 완충기가 파손될 수 있어 완충기의 설치목적을 이룰 수 없기 때문에 사용에 주의해야 된다.

특히 사용된 스프링은 충격력을 흡수하여 외부로 방출하지 못하고 저장하고 있기 때문에 가해진 힘이 제거되었을 때 스프링에 저장된 힘에 의해 스프링이 튀어나와 완충기의 로드가 공기압 실린더에 영향을 미칠 수 있다.

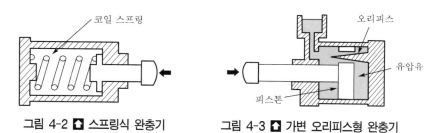

그림 4-2 ⬆ 스프링식 완충기　　　그림 4-3 ⬆ 가변 오리피스형 완충기

(2) 가변 오리피스형 유압식 완충기

이 완충기는 충격력을 받아 완충기의 피스톤이 전진할 때 완충기의 피스톤과 실린더에 의해 밀폐된 기름이 피스톤에 설치된 가변 오리피스를 통하여 기름 탱크로 배출된다. 이 때 빠져나가는 기름에 의해서 충격력을 흡수해 줄 수 있으며 충격력이 가해지는 순간부터 충격력이 끝날 때까지 충격력은 일정하게 흡수시켜 줄 수 있는 장점이 있다.

즉, 가변 오리피스에 의하여 충격력을 흡수하기 시작하는 초기에 많은 양의 기름을 배출시키고 충격 흡수 마지막 단계에서는 작은 양의 기름이 배출되도록 하여 항상 일정한 저항력이 발생되도록 한다.

예제 4-1

그림 (가)처럼 공기압 실린더의 피스톤 로드선단에 물체를 연결하고 빠른 속도로 전진 시켰다. 전진 행정의 말단에서 실린더 내부에 장착된 쿠션기구로 피스톤의 전진속도를 감속시켜 충격을 흡수하였는데, 충분한 쿠션효과가 얻어지지 않아 충격력이 발생하였고 계속해서 사용한 결과 실린더를 고정하고 있는 고정부가 굽어지고 피스톤 로드가 파손되었다.

해결 방안에 대하여 설명하시오.

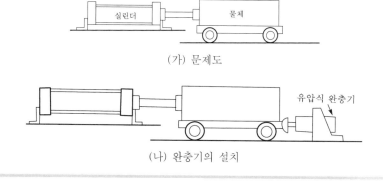

(가) 문제도

(나) 완충기의 설치

충격력이 문제가 될 때 충격력을 흡수하기 위하여 쿠션기구를 설치한다. 표 4-1은 일반
풀이 적인 경우 실린더 지름에 대한 쿠션행정의 길이를 나타낸 것이다.

표 4-1 ◘ 쿠션 행정의 길이

실린더 안지름(mm)	쿠션행정의 길이(mm)
40, 50, 63	15~20
80, 100, 125	20~30
140, 160, 180	25~40

쿠션기구에서 흡수할 수 있는 충격력의 양보다 피스톤 속도가 빠름으로써 발생되는 큰
충격력은 피스톤은 실린더 커버에 반복 충돌하여 실린더 고정부 및 피스톤 로드의 휨
이 발생된다.
이러한 문제의 해결 방법으로 다음 사항을 고려할 필요가 있다.

① 쿠션 행정의 길이를 크게 한다.
② 피스톤이 전진 및 후진행정의 말단에 도달했을 때 피스톤의 작동속도를 조절해 줄
  수 있는 감속회로를 설치한다.
③ 외부에 완충기를 설치한다.

쿠션 행정의 길이를 길게 하는 것은 실린더의 크기가 커져 실린더의 장착 등 여러 가지
문제를 발생시키고, 또 운동조건의 변화로 피스톤의 작동속도가 더 빨라진 경우에는 또
다시 문제가 발생되기 때문에 이 방법은 피하는 것이 좋다.
감속회로를 설치하는 방법은 회로가 복잡하게 되기 때문에 피하는 것이 좋다.
따라서 가장 간단하고 완충효과가 확실한 완충기를 설치한다.

제 5 장

이젝터

1 이젝터

공기압 기술에서는 보통 대기압 이상의 높은 압력이 사용되지만, 공작물의 공급 및 제거 등에 진공압을 이용해서 공작물을 흡착하여 이송하는 방법도 사용되고 있다.

공기압 기술에서 사용되는 진공 펌프는 높은 진공도가 필요하지 않고 낮은 진공 영역의 진공 펌프나 이젝터(ejector)가 사용된다. 여기에서는 장치의 구성이 간단하고 편리하여 많이 사용되고 있는 이젝터에 대해서 설명하기로 한다.

이젝터도 공기압 모터처럼 계속해서 압축공기를 배출해야 되기 때문에 공기 소모량이 많아 비경제적이다. 따라서 이젝터는 간헐적으로 단시간에 진공을 발생시키고자 할 때 사용한다.

그림 5-1은 이젝터의 원리를 나타낸 것으로, 압축공기를 노즐에서 분출시키면 베르누이 방정식을 응용하여 만들어진 벤튜리 효과에 의해 노즐 부분의 압력이 낮아진다. 지름이 좁아진 관에 연결된 관로를 통하여 주변의 공기를 빨아드리는 성질을 이용한 것이다.

가공물에 접촉된 흡착 패드가 외부의 공기가 유입되는 것을 방지해 주는 시일의 역할을 하여 가공물에 밀착되고 흡착력이 발생되어 가공물을 이송시킬 수 있다.

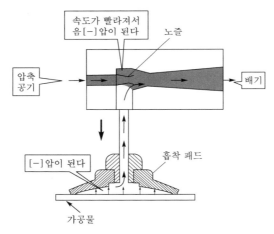

그림 5-1 ⬆ 이젝터의 원리

예제 5-1

그림 (가)와 같이 이젝터를 사용하여 진공을 발생시켰다. 흡착 패드를 사용하여 가공물을 흡착하여 이송하였으나, 어느 기간을 사용한 후에는 가공물이 낙하되는 문제가 발생했다. 발생원인과 해결 방안에 대하여 설명하시오.

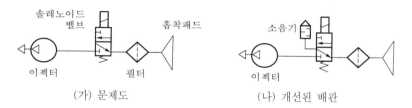

(가) 문제도   (나) 개선된 배관

풀이 이젝터의 진공 발생 원리는 그림 5-1과 같이 이젝터에 공기를 공급하면 이젝터의 벤튜리부에 공기가 흐를 때 가공물을 흡착할 수 있는 진공압이 발생된다.
이젝터에서 가공물을 흡착하지 못하는 경우는 다음과 같다.

① 이젝터에 공급되는 공기를 여과하기 위하여 주어진 문제의 그림처럼 설치된 필터가 먼지 등으로 막혀 공기를 충분히 빨아내지 못해 진공압을 발생시킬 수 없는 경우
② 이젝터의 벤튜리부가 먼지 및 윤활유 등으로 막힌 경우
③ 솔레노이드 밸브가 정상작동이 안 되는 경우

이 장치의 필터 및 이젝터를 조사한 결과 문제가 발생될 정도로 오염되지는 않았다. 솔레노이드 밸브를 조사해본 결과 코일은 작동되었으나 스풀의 위치가 변환되지 않았다. 스풀을 분해하여 조사해 본 결과 솔레노이드 밸브의 배기구에서 흡입된 먼지가 스풀에 흡착된 것이 판명되었다.
그 원인은 솔레노이드 밸브에 공급된 전원을 차단하면 솔레노이드 밸브가 내장된 스프링에 의해 정상상태로 변환된다. 그러면 흡착 패드에 연결된 관로의 낮은 압력(진공압)에 의해 배기구에서 먼지가 많은 오염된 외부공기를 순간적으로 빨아들이게 된다. 이때 스풀에 많은 먼지가 부착하여 문제가 발생된 것이다.
해결 방안으로 그림 (나)에 나타낸 것 같이 솔레노이드 밸브의 배기구에 소음기를 설치하여 외부의 오염된 공기를 여과시켜 유입되게 한다.
너무 작은 유효단면적의 소음기를 달면 흡착패드에서 공작물을 제거해야 될 때 소음기를 통해 솔레노이드 밸브를 거쳐 필터와 흡착패드에 공급되는 공기량이 작기 때문에 공작물이 이탈되는 시간이 길어지므로 큰 것을 달아야 된다.
솔레노이드 밸브에 대하여는 "혼자서도 할 수 있는 전기공압"을 참고하기 바란다.

제 6 장
제 어 밸 브

　제어밸브는 사용 목적에 따라 실린더에 공급되는 압축공기의 흐름방향을 바꾸어 주는 방향제어밸브, 실린더의 속도를 조절해 주는 유량제어밸브, 공기압 시스템 내의 압력을 조절해 주는 압력제어밸브와 논리조건에 사용할 수 있는 논-리턴 밸브 및 여러 개의 공기압 요소로 조합된 조합밸브 등으로 나눌 수 있다.

6.1 방향제어밸브

1 방향제어밸브의 분류

　방향제어밸브에는 사용목적에 따라 압축공기의 흐름의 방향을 바꾸어 주는 변환밸브, 흐름의 역류를 방지해 주는 체크밸브 및 입구에 전달된 압력 중 항상 고압의 공기만 출구로 보내 주는 셔틀밸브가 있다.
　이 절에서는 변환밸브에 대하여만 설명을 하고, 체크밸브 및 셔틀밸브에 대하여는 논-리턴 밸브에서 설명하고자 한다.
　방향제어밸브는 밸브의 구조에 따라 다음과 같이 분류한다.

　① 포핏 밸브
　② 스풀 밸브
　③ 슬라이드 밸브

2 밸브의 연결구 표시방법

　밸브를 확실하게 설치하기 위하여 각 연결구를 다음과 같은 기호를 사용하여 표시한다. 단, 공기압 밸브에서는 양쪽의 표시방법을 다 혼용하여 사용한다.

표 6-1 ❖ 밸브의 연결구 표시방법

	ISO – 1219(유압)	ISO – 5599/II(공기압)
작업 포트	A, B, C, ‥‥‥‥	2, 4, 6, ‥‥‥‥
압력 공급 포트	P	1
배기포트	R, S, T, ‥‥‥‥	3, 5, 7, ‥‥‥‥
제어 포트	Z, Y, X, ‥‥‥‥	10, 12, 14, ‥‥‥

③ 방향 제어밸브 명칭 및 기호

(1) 포트의 정의 및 밸브의 기호

방향제어밸브의 명칭은 밸브의 접속점과 작동 위치의 수로써 표시한다. 예를 들어 4/2-way 밸브는 접속점이 4개이고, 밸브의 작동 위치는 2개이다. 여기에서는 접속점의 명칭을 포트(port)로 사용한다.

방향제어밸브를 기호로 표시할 때에는 사각형으로 표시한다. 밸브의 기능을 나타내 주는 작동위치가 1개일 때에는 1개의 사각형, 작동위치가 2개일 때에는 2개의 사각형으로 표시한다. 즉, 밸브의 작동위치와 사각형 숫자는 같다.

또한 way의 의미는 압축공기의 흐름 방향의 수를 의미하지만 특별히 흐름방향의 수를 표시하지는 않는다.

(2) 밸브의 정상위치 및 작동위치

그림 6-1의 3/2-way 밸브를 예를 들어 설명하면 밸브 기호의 우측에 그려진 스프링은 밸브 내의 볼을 밀착시켜 주는 스프링을 나타내고 있다.

밸브를 작동시키는 외력이 작용되고 있지 않는 경우에 밸브는 스프링의 힘에 의해 볼을 시트에 강제로 밀착시켜 압축공기가 포트 A에서 포트 R로 흐르도록 되어 있다. 이러한 밸브위치를 정상위치라 한다.

밸브 기호의 좌측에 그려진 플런저에 외력이 작용되어 플런저가 눌려지면 밸브의 위치는 그림에서 왼쪽의 상태로 바뀌고, 압축공기는 포트 P에서 포트 A로 흐르게 된다. 이러한 위치를 작동위치라 한다.

밸브에 작용되는 외력이 없어지면 밸브위치는 스프링의 힘에 의해 원래 상태인 정상위치로 되돌아간다. 정상위치라는 표현은 밸브의 작동 방식 중 한쪽이 스프링이 있는 경우에 사용한다. 스프링이 있는 밸브는 작동시키는 힘이 제거되었을 때 항상 스프링 힘으로 초기상태로 돌아간다.

4 포핏 밸브

포핏밸브(poppet valve)의 유로는 볼 및 디스크 등에 의하여 열리거나 닫히게 된다. 밸브의 시트는 볼 또는 탄성이 있는 시일에 의해 밀봉된다. 이 밸브는 마모가 일어날 수 있는 부분이 적기 때문에 수명이 길고, 밸브의 구조상 먼지가 끼어서 문제를 발생시킬 가능성이 작아 먼지에 대해서도 큰 영향을 받지 않는다.

특히 밸브를 작동시키기 위하여 외력을 작용시켰을 때 밸브의 가동부분이 조금만 움직여도 유로가 열려 압축공기를 공급해 주기 때문에 밸브의 변환 속도가 빠르다.

(1) 볼 시트 밸브(ball seat valve)

정상상태에서 볼의 스프링은 볼을 시트로 밀어 붙여 압축공기가 포트 P로부터 포트 A로 흐르는 것을 막아 주고, 포트 A에서 배기포트 R로 압축공기가 흐르도록 되어 있다.

외부에서 밸브의 플런저를 눌렀을 때 볼은 시트로부터 떨어지고, 압축공기는 포트 P에서 포트 A로 흐르게 된다. 이 때 배기포트 R가 연결된 플런저의 내부 유로의 입구는 그림처럼 볼의 표면과 밀착되어 포트 P에서 공급되는 압축공기의 유입을 방지하고 있다.

밸브를 열기 위해서는 플런저에 작용하는 힘이 스프링의 힘과 압축공기가 볼을 밀어 올리는 힘보다 커야 하는 단점이 있다.

이러한 형태의 3/2-way 밸브는 공기압장치에서 많이 사용되기 때문에 그 구조와 작동원리에 대하여 잘 이해하여야 될 것이다.

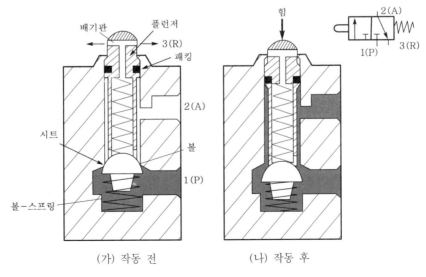

(가) 작동 전   (나) 작동 후

그림 6-1 ⬧ 3/2-way 밸브

(2) 디스크 시트 밸브(disc seat valve)

이 밸브는 밀봉이 우수하다. 또한 작은 거리만 움직여도 압축공기가 통하기에 충분한 통로가 열리기 때문에 반응시간이 짧다.

플런저에 외력이 작용되면 플런저가 전진하여 디스크를 눌러 그림 (나)처럼 포트 P와 A가 연결되도록 한다.

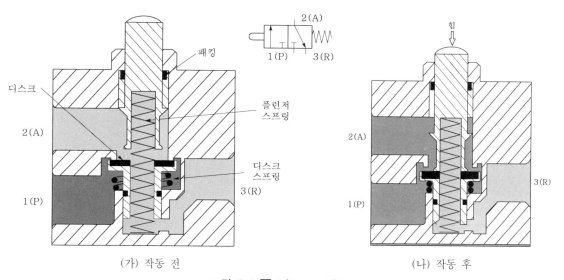

(가) 작동 전   (나) 작동 후

그림 6-2 🔼 3/2-way 밸브

그림 6-3의 정상상태에서 열려있는 3/2-way 밸브는 외력에 의해 플런저가 눌려져 디스크에 플런저가 밀착된 후 시트로부터 디스크가 떨어지면 포트 A의 압축공기는 배기포트 R를 통하여 대기 중으로 배출된다.

플런저에 외력이 작용하지 않을 때에는 압축공기는 포트 P에서 포트 A를 통하여 관로로 전달된다.

그림 6-4는 밸브를 작동시키는 힘이 공기압인 경우를 나타내고 있다. 제어관로 z에 공기압이 작용되면 피스톤이 아래로 내려가 그림 (나)처럼 포트 P에서 A로 압축공기가 흐르게 되고, 제어관로 z에 작용된 공기압이 제거되면 그림 (가)처럼 밸브는 닫히게 된다.

그림에서 볼 수 있듯이 제어관로 z에 작용되는 공기압이 피스톤을 작동시킬 때 피스톤의 작동속도가 느릴 경우에는 어느 순간에 포트 P, A 및 R가 동시에 열려 포트 P에서 공급되는 압축공기가 배기포트 R을 통하여 대기 중으로 배출되는 현상이 발생될 수 있어 압축공기가 필요 이상으로 소모된다.

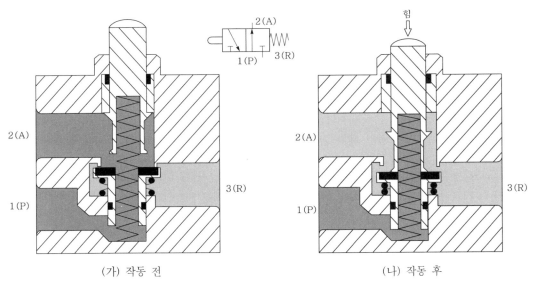

(가) 작동 전   (나) 작동 후

그림 6-3 ✿ 3/2-way 밸브(정상상태 열림)

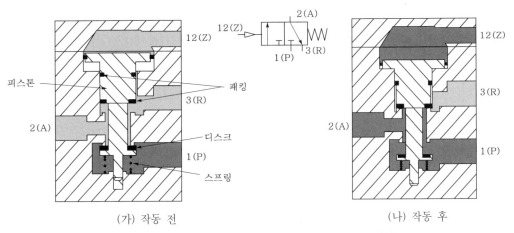

(가) 작동 전   (나) 작동 후

그림 6-4 ✿ 파일럿 작동형 3/2-way 밸브(정상상태 닫힘)

그림 6-5는 롤러 작동 파일럿 3/2-way 밸브이다. 밸브의 동작은 롤러를 이용한다. 롤러가 외력에 의해 눌려지면 포트 P에 공급된 압축공기는 롤러에 의하여 열려진 파일럿 관로를 통하여 파일럿 피스톤에 전달된다. 전달된 압축공기는 파일럿 피스톤을 전진시켜 주 밸브의 플런저 출구를 막고 주 밸브 플런저를 누른다.

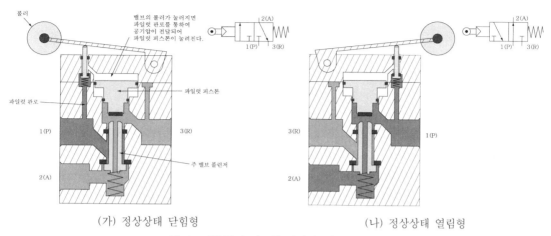

(가) 정상상태 닫힘형   (나) 정상상태 열림형

그림 6-5 ⬆ 롤러 작동형 파일럿 3/2-way 밸브

롤러 작동형 파일럿 밸브는 외력에 의해 롤러가 눌린 다음 공기압이 파일럿 관로를 통해서 주 밸브의 플런저를 밀어 밸브를 동작시킨다. 그림 기호에서도 맨 왼쪽에 롤러 (⊙⊐) 표시가 있고, 이 롤러가 눌려지면 그 다음 공기압(▷)이 전달된다. 그러면 밸브의 위치가 변환된다. 방향제어밸브의 기호 작동 방식은 이러한 방법으로 이해하면 된다.

⑤ 스풀 밸브(spool valve)

스풀 밸브는 스풀이라고 하는 플런저가 세로 방향으로 움직이면서 해당되는 포트를 연결해 주는 밸브이다. 특징은 스풀을 작동시키는 데 필요한 힘이 포핏 밸브보다 작다는 것이다.

그림 6-6과 같은 스풀 밸브에서는 밸브를 작동시키는 데 필요한 힘은 밸브의 양쪽 제어 관로에 작용되는 공기압만 필요하기 때문에 작은 힘으로도 밸브를 작동시킬 수 있다.

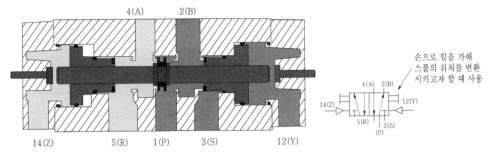

(가) 제어관로 Y에 공기압이 작용할 때

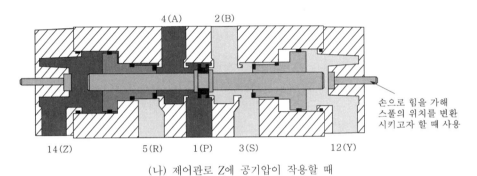

(나) 제어관로 Z에 공기압이 작용할 때

그림 6-6 ✿ 스풀 밸브의 작동원리

또한 포핏 밸브에서는 필요한 포트를 열고 닫기 위해서는 짧은 거리만 움직여도 밸브가 동작되는 것에 비해서 스풀 밸브에서는 먼 거리를 움직여야만 밸브의 위치가 변환되기 때문에 반응 속도가 늦다.

스풀 밸브는 밸브의 몸체인 슬리브(sleeve) 내에 끼워져 있는 스풀이 제어관로에 공급된 압축공기에 의하여 왕복운동을 하게 될 때 필요한 포트를 열어 준다. 그런데 공급된 압축공기가 슬리브와 스풀 사이의 틈으로 누설될 수 있고, 이 틈으로 많은 양의 공기가 누설되면 스풀의 위치 변환이 잘 되지 않을 수 있다. 또한 외부에서 먼지가 유입되어 틈에 끼게 되면 스풀의 위치가 잘 변환되지 않거나 고장의 원인이 되기 때문에 주의해야 된다.

이 틈을 줄이는 방법으로 다음 두 가지의 경우를 생각할 수 있다. 첫째는, 슬리브와 스풀을 정밀가공하여 끼워 맞춤을 하는 것이다. 이 방법은 두 물체 사이에 틈이 존재하기 때문에 스풀이 움직일 때 저항을 받지 않는 장점이 있다.

또한 틈으로 인하여 작은 외력에도 스풀이 움직일 수 있기 때문에 밸브를 설치할 때 수평이 잘 맞지 않으면 중력에 의해서 스풀이 움직여서 오동작을 일으킨다. 이러한 방법은 두 개의 금속을 정밀 가공하여 끼워 맞춤을 해서 누설 방지를 하기 때문에 메탈 시일 (metal seal) 방법이라고 한다.

둘째는, 스풀의 둘레에 O링 등 스퀴즈 패킹을 끼워 슬리브와 스풀의 틈으로 누설되는 것을 막는 방법이다. 이 방법은 앞에서 설명한 메탈 시일 방식에 비해 정밀 가공을 하지 않아도 되기 때문에 제조 원가는 저렴하나, 슬리브와 스풀을 패킹을 사용하여 강제로 조립하였기 때문에 작동될 때 메탈시일 방법에 비해 큰 힘이 필요하다.

⑥ 슬라이드 밸브

제어관로 z에 공기압이 전달되어 스풀이 오른쪽으로 이동되면 스풀에 연결된 슬라이드는 포트 P에 공급된 압축공기가 포트 A로 흐르고, 포트 B에 차 있는 압축공기는 배기 포트 R를 통하여 배출되도록 유로를 연결한다.

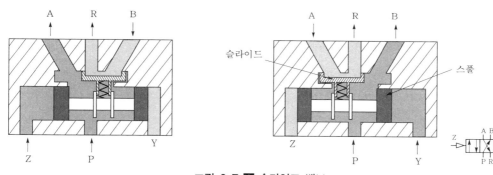

그림 6-7 ✿ 슬라이드 밸브

슬라이드 밸브(slide valve)는 미끄럼 운동을 하는 슬라이드가 밸브 시트에 스프링에 의해 강제로 밀착되기 때문에 이 부분에서 어느 정도의 마모가 발생되어도 누설은 방지된다. 그러나 마모가 계속되면 문제가 발생되기 때문에 마모를 줄이기 위하여 밸브 시트 면의 가공 상태를 좋게 해야 되고, 윤활유를 공급해 주어야 한다.

또한 포트 A 및 B에서 배기 포트 R를 통하여 배출되는 공기압이 스프링에 의해 밀착된 슬라이드를 눌러 슬라이드와 시트 사이에 틈을 발생시켜 압축공기가 누설될 수 있다.

이러한 현상을 방지하기 위해서는 스프링의 힘이 강해야 한다. 강한 힘의 스프링을 사용했을 때에는 슬라이드 밸브를 움직이기 위하여 제어관로 Z 및 Y에 작용되는 파일럿 압력이 커져야 되는 문제점이 있다. 이러한 이유로 공기압 제어에서는 슬라이드 밸브를 그다지 사용하지 않는다.

예제 6-1

스풀 밸브에 압력을 공급하였는데, 밸브가 정상적으로 작동되지 않고 있다. 고려할 수 있는 원인들에 대하여 설명하시오.

풀이

① 이 때 밸브를 분해해 보면 먼지 등이 밸브의 스풀 작동에 영향을 끼치는 경우가 있다. 특히 스풀과 슬리브 사이에 패킹으로 누설을 방지하지 않고 수 μm의 틈이 존재하게 끼워 맞춤을 하는 메탈시일 방법에서는 이 틈새에 압축공기 중의 이물질이 축적되어 고착될 수 있다. 배기관의 소음기를 제거하면 밸브의 위치 변환 때 이곳으로 대기중의 먼지가 흡입될 수 있으므로 주의한다. 무엇보다 밸브에 공급되는 공기를 청결하게 하는 것이 중요하기 때문에 먼지를 제거할 수 있는 규격에 맞는 공기압 필터를 설치한다.

② 스풀에 장착되어 있는 패킹이 윤활유에 녹아 마찰 저항력이 커져 스풀이 비정상적으로 작동되는 경우가 있다. 이러한 경우에는 사용되고 있는 윤활유에 대한 저항력이 있는 재질을 사용한 패킹으로 교환해 준다.

③ 휴일 직후 공기압 실린더가 정상적으로 작동되지 않는 경우가 있다. 이것은 공기압 제어 시스템을 오랜 시간 동안 작동시키지 않았을 때, 솔레노이드 밸브의 스풀에 내장 되어 있는 누설 방지용 패킹인 O링이 벽면에 밀착되어 밸브의 벽면과 O링 사이에 젖어 있던 윤활유를 모두 밀어 내어 유막이 없어졌기 때문이다. 따라서 마찰력의 증가로 스풀의 동작이 원활해지지 않은 것으로 판단할 수 있다. 이 경우에는 수동으로 방향제어밸브의 위치를 변환시켜 보면 정상적으로 작동된다.

6.2 논-리턴 밸브

논-리턴 밸브(non - return valve)에는 한쪽 방향으로만 공기가 흐르게 하는 체크밸브, OR 논리 기능을 만족시켜 주는 셔틀밸브, AND 논리 기능을 만족시켜 주는 2압 밸브 및 많은 양의 공기를 짧은 시간 내에 밸브 외부로 배출시켜 실린더의 후진 속도를 증가시킬 수 있는 급속 배기 밸브가 있다.

1 체크밸브

체크밸브(check valve)는 한쪽 방향으로는 공기의 흐름을 완전히 차단시키며, 그 반대 방향으로는 가능한 한 적은 압력손실로 압축공기가 흐르게 한다.

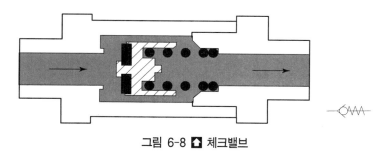

그림 6-8 ⬆ 체크밸브

2 셔틀밸브

셔틀밸브(shuttle valve)는 두 개의 입구 X와 Y를 갖고 있으며 출구는 A 하나이다. 압축공기가 Y에 작용하면 볼은 입구 X를 차단시켜 압축공기는 Y에서 A로 흐르게 되며, 압축공기가 X에 작용하면 X에서 A로 흐르게 된다.

이 밸브는 두 개의 입력 중에서 항상 하나의 입력만을 출력으로 보내고 있기 때문에 OR 요소라고도 불린다. 두 개의 입력에서 압력의 크기가 다를 때에는 큰 압력을 가진 압축공기가 볼을 이동시켜 상대방의 유로를 막고 큰 압력의 압축공기는 출구로 흐른다. 입력된 압력의 크기가 같은 경우에는 먼저 들어온 입력 신호가 출구로 흐른다.

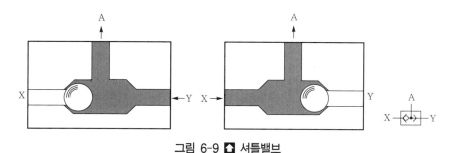

그림 6-9 ⬆ 셔틀밸브

예제 6-2

   누름 버튼과 페달을 이용하여 실린더를 전진시키는 회로를 설계하고 싶다. 누름 버튼과 페달 중 어느 것을 작동시켜도 실린더는 전진하고, 전진완료 후 실린더의 후진은 리밋스위치에 의해서 자동적으로 이루어져야 한다.

 풀이

누름 버튼과 페달을 사용해서 복동 실린더를 전진시키고자 할 때 그림 6-10처럼 셔틀 밸브를 장착하면 누름 버튼스위치를 누르거나 페달을 밟음으로써 실린더를 전진시킬 수 있다.

셔틀밸브에서 반대편 제어요소로 압축공기가 누설되는 것을 막아 주기 때문에 두 개의 제어요소 중 하나만이 출력 A로 연결된다.

그리고 실린더가 전진을 완료하여 설치된 리밋스위치를 누르면 최종제어밸브인 방향제어밸브의 위치가 변환되어 실린더는 자동적으로 후진된다.

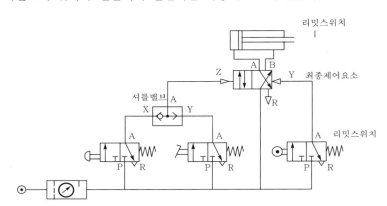

그림 6-10 ⬆ 셔틀밸브를 사용한 회로

③ 이압밸브

   두 개의 입구 X와 Y가 있으며 하나의 출구 A가 있다. 압축공기가 X와 Y에 모두 작용할 때에만 출구 A에 출력인 압축공기가 흐르게 된다. 늦게 들어온 입력신호가 출구 A로 나가게 되고, 두 개의 입력 신호의 크기가 다른 경우에는 크기가 작은 입력 쪽의 공기가 출구 A로 나가게 된다. AND 요소로 알려져 있고 연동 제어, 안전 제어 및 논리 제어 등에 사용된다.

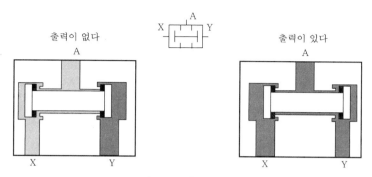

그림 6-11 🔼 이압밸브

예제 6-3

2개의 누름버튼을 모두 작동시킬 때만 단동 실린더가 전진될 수 있는 회로를 작성하시오.

풀이

2개의 누름버튼을 모두 작동시킬 때 출력이 존재하는 것은 AND 논리이다. 다음 회로
도에서 두 개의 누름버튼을 모두 작동시키면 AND 조건이 만족되므로 실린더는 전진운
동을 할 수 있다. 두 개의 누름버튼 밸브 중에서 어느 하나라도 원위치로 되돌아가면
AND 논리가 깨지면서 실린더에 공급되었던 공기가 누름버튼의 배기포트 R를 통하여
배기되기 때문에 실린더는 스프링 힘에 의하여 후진 운동을 한다.

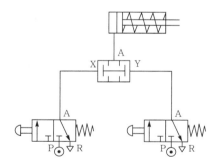

그림 6-12 🔼 이압밸브 사용한 회로

예를 들어 그림 6-12의 회로도를 프레스 작업에 적용하였다고 가정하자. 일반적으로
한손으로 가공물을 붙들고 나머지 한손으로 실린더를 전진시키기 위하여 누름버튼을 눌
렀을 때 전진된 실린더에 의해 가공물을 붙들고 있는 한쪽 손가락이 절단되는 불의의 사
고를 당할 수 있다. 이 때 양손으로 두 개의 누름버튼을 눌러야만 실린더가 전진하도록
만든다면 손가락에 불의의 사고는 당하지 않을 것이다.

이러한 예처럼 이압밸브는 안전에 관련된 회로에 사용된다.

6.3 유량 제어밸브

유량 제어밸브는 공기의 흐르는 양을 조절하여 실린더의 속도를 제어하는 곳에 사용된다. 유량 제어밸브에는 스로틀밸브, 한쪽 방향으로만 속도를 제어해 주는 속도제어밸브 및 공기압 실린더가 후진할 때 압축공기를 저항받지 않고 대기 중으로 배기시켜 실린더의 후진속도를 증속시켜 주는 급속 배기밸브 등이 있다.

1 스로틀밸브

스로틀밸브(throttle valve)는 유량제어에 방향성이 없는 밸브이다. 어느 방향으로 흐르던 유량제어를 모두 할 수 있다.

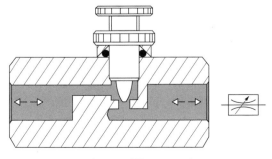

그림 6-18 ⬆ 스로틀 밸브

2 속도조절밸브

스로틀밸브와 체크밸브가 결합된 밸브로서 한쪽 방향의 실린더 속도 조절에 사용된다. 스로틀밸브는 밸브를 지나는 공기의 양을 조절해 주고, 체크밸브는 스로틀밸브를 지나는 공기와 같은 방향의 흐름은 차단한다. 반대방향으로 공기가 흐를 때에는 스로틀밸브를 통과하지 않고 체크밸브를 통해서만 공기가 흐르기 때문에 유량조절은 이루어지지 않는다. 이러한 이유로 이 밸브를 한 방향 유량 제어밸브라고 부르기도 한다.

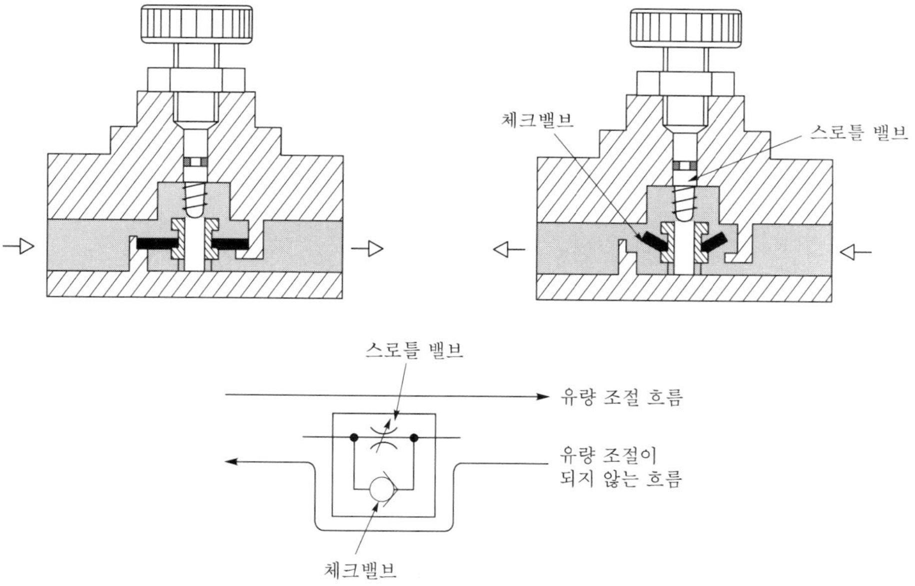

그림 6-19 🔼 속도조절밸브

③ 급속 배기 밸브

급속 배기 밸브는 피스톤 후진속도를 증가시키는 데 사용된다. 특히 이 밸브는 단동 실린더에서 귀환 행정 시간을 감소시켜 줄 수 있다.

압력이 포트 P에 작용하면 디스크는 배기포트 R를 완전히 막아 압축공기는 포트 A로 흐르게 된다.

포트 A에서 R로 역류할 때에는 포트 P에 작용되는 압력이 제거되고 포트 A로부터 들어오는 압축공기에 의해 디스크가 포트 P를 막게 되어 배출 공기는 포트 R를 통하여 직접 대기로 배출되기 때문에 피스톤의 후진속도가 빨라진다.

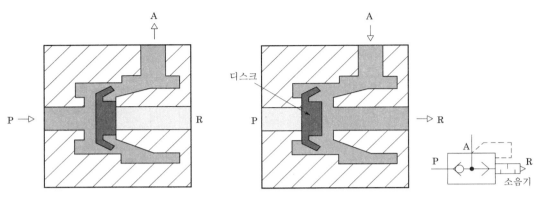

그림 6-20 ❖ 급속 배기 밸브

이 밸브는 실린더에 직접 연결하거나 가능한 한 가깝게 설치해야 실린더 내에 있던 압축공기가 저항을 받지 않고 빠른 시간 내에 외부로 배기된다.

예제 6-4

단동 실린더의 후진 속도를 증가시킬 수 있는 회로를 작성하시오.

풀이 단동 실린더는 내장된 스프링에 의해 후진 운동이 일어나기 때문에 속도가 느린 단점이 있다. 이 경우 급속 배기 밸브를 설치하면 실린더 내부의 압축공기가 배기될 때 실린더로부터 멀리 떨어져 있는 누름 버튼의 배기포트 R를 통과하지 않고 급속 배기 밸브를 통하여 배기되므로 후진 운동의 속도가 증가하게 된다.

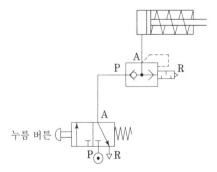

그림 6-21 ❖ 급속 배기 밸브를 사용한 회로

6.4 피스톤 속도 조절 방법

속도조절밸브를 이용하여 실린더의 속도를 조절해 주는 방법에는 실린더로 공급되는 공기의 양을 조절해 주는 것과 실린더로부터 배기되는 공기의 양을 조절해 주는 방법이 있다.

❶ 공급 공기 조절 방법

실린더로 공급되는 공기의 양을 조절하여 실린더의 속도를 제어하는 방법으로 미터인 (meter-in) 방법이라고 한다.

미터인 방법은 실린더로 공급되는 공기로 실린더의 속도가 제어되기 때문에 실린더가 움직일 때 실린더 내에 형성되는 압력은 실린더에 작용되는 부하에 의해 결정된다. 예를 들어 실린더에 작용되는 부하가 크면 실린더 내의 압력은 증가하고, 부하가 작으면 작은 압력만이 형성되면서 움직이게 된다. 따라서 실린더에 작용하는 부하의 크기에 따라 실린더에 형성되는 압력도 변화되기 때문에 작은 부하의 변화에도 실린더의 속도가 변하는 단점이 있다. 특히 피스톤에 당겨지는 방향(음의 방향)의 부하가 작용될 때에는 피스톤이 빠져 나올 수 있기 때문에 사용할 수 없다.

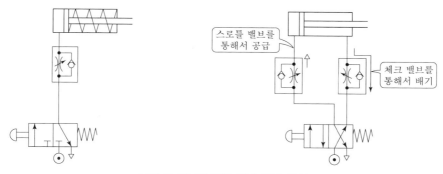

스로틀 밸브를 통해서 공급

체크 밸브를 통해서 배기

그림 6-22 ✿ 공급 공기 조절 방식

❷ 배압 조절 방법

실린더로부터 배기되는 공기의 양을 제어하여 실린더의 속도를 조절하는 방법으로 미터아웃(meter-out) 방법이라고 한다. 이때 배기되는 공기의 저항에 의해서 발생되는 압력을 배압이라 한다. 미터아웃 방법은 실린더에서 속도조절밸브를 통하여 배기되는 공기의 양만큼 피스톤이 전진하기 때문에 미터인 방식보다는 안정된 속도를 얻을 수 있고, 실린더에 충분한 공기가 공급되므로 부하의 변동에 큰 영향을 받지 않는다.

그러나 미터아웃 방식은 출발할 때 균일한 배압이 형성되지 않으므로 미터인 방식보다는 초기 속도가 불안한 단점이 있다. 이 단점을 해결할 수 있는 최선의 방법은 가능한 한 속도제어밸브를 실린더에 가깝게 설치하는 것이다. 미터인 방법과 달리 당겨지는 부하에도 실린더 출구와 속도조절밸브 사이에 배압이 형성되므로 안정적인 속도제어를 할 수 있다.

공기압 장치에서 일반적으로 사용되는 실린더 속도제어는 미터아웃방법이다.

유량조절밸브를 실린더에 가깝게 설치하고 부하가 일정하게 작용되는 경우에는 실린더의 속도를 10 mm/s에서 제어할 수 있다.

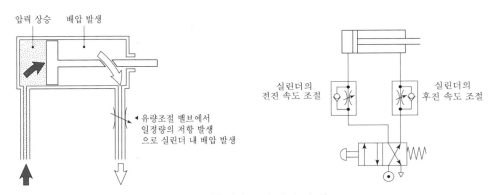

그림 6-23 ❖ 배압 조절 방식 및 회로도

6.5 압력제어밸브

압력제어밸브에는 저장탱크 내의 최고 압력을 제한하는 데 사용되는 압력제한밸브, 실린더의 순차적인 제어를 해 주는 시퀀스밸브, 회로 내의 공기 압력을 원하는 값으로 낮추어 주는 감압밸브 및 설정압력에 도달하면 출력신호를 전기적인 신호로 바꾸어 주는 압력스위치 등이 있다.

감압밸브에 대하여는 압력조절기에서 설명하였다.

① 시퀀스 밸브

두 개 이상의 분기회로를 가진 회로에서 실린더의 작동순서를 회로의 압력으로 제어하는 데 사용되는 밸브이다.

그림 6-24에서 파일럿 관로 z에 작용하고 있는 압력이 설정된 압력(설치된 스프링힘)을 초과하게 되는 경우에만 밸브가 열리고 압축공기는 포트 P에서 A로 흐르게 된다.

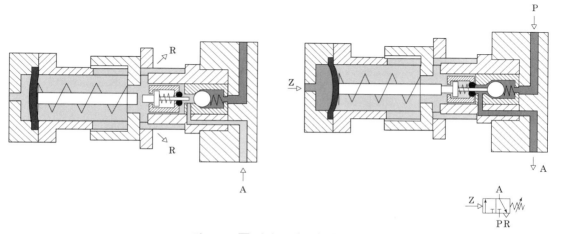

그림 6-24 ⬆ 시퀀스 밸브의 작동원리

예제 6-5

복동 실린더는 누름 버튼에 의하여 전진 운동을 시작한다. 전진운동을 완료한 후 실린더 입구 측에 6 bar의 일정한 압력이 형성된 것이 확인된 다음 실린더는 후진 운동을 하여야 한다. 단 실린더가 전진운동을 완료한 것은 리밋스위치에 의해서 확인된다.

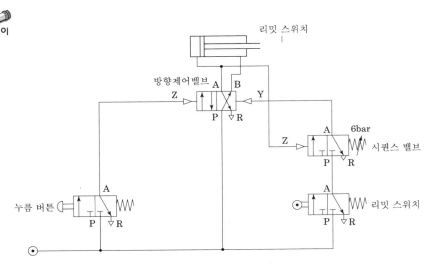

그림 6-25 ◆ 시퀀스 밸브를 사용한 회로도

그림 6-25에서 누름 버튼을 작동시키면 방향 제어밸브의 위치가 변환되므로 실린더는 전진 운동을 하게 된다.

실린더가 전진 운동을 완료하게 되면 리밋스위치가 작동되어 시퀀스 밸브에 공기압이 전달되나 시퀀스 밸브가 작동되지 않은 상태에서는 방향제어밸브에 압력이 전달되지 않으므로 실린더는 후진 운동을 할 수 없다.

실린더의 입구압력이 상승하여 시퀀스 밸브의 제어관로 z에 입력되는 압력이 스프링으로 미리 설정된 압력 6 bar에 도달하게 되면 시퀀스 밸브의 위치가 변환되어 방향제어밸브의 제어관로 Y에 제어 신호가 입력되어 방향제어밸브의 위치가 주어진 그림처럼 변환되기 때문에 실린더는 후진 운동을 한다.

② 압력스위치

압력스위치는 회로의 공기압이 설정값에 도달하면 전기적인 접점을 개폐하여 출력되는 전기적인 신호에 의해 실린더의 운동을 제어하는 기기를 말한다.

그림 6-26의 주어진 상태에서는 1과 3배선이 접점으로 연결되어 전류가 흐르고 있으나, 파일럿관로에 압축공기가 공급되어 피스톤을 밀게 되면 전기스위치를 누르게 된다. 그러면 가동접점이 아래에 있는 2번 접점과 연결이 된다. 따라서 1과 3번 배선으로 공급되던 전류는 차단된다.

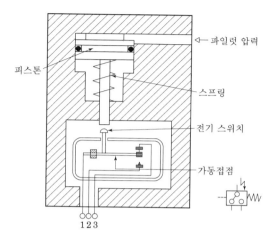

그림 6-26 ❖ 압력스위치의 작동원리

6.6 조합밸브

시간 지연밸브, 공기제어 블럭, 5/4-way 밸브 및 진동발생기 등이 조합밸브에 속하지만, 여기에서는 시간 지연밸브에 대하여만 설명하기로 한다.

시간 지연밸브는 3/2-way 밸브, 공기탱크 및 유량조절밸브 등 여러 개의 공기압 요소로 구성되어 있기 때문에 조합밸브라고 한다.

시간 지연밸브에는 제어 신호가 입력된 후 일정한 시간이 경과된 다음에 작동되는 한시작동 시간지연 밸브와 제어 신호가 없어진 후 일정한 시간이 경과된 후 복귀되는 한시복귀 시간지연 밸브 두 종류가 있다. 공기압에서는 한시복귀형 시간지연 밸브는 그다지 사용되지 않는다. 따라서 한시작동 시간지연 밸브에 대하여만 설명을 한다.

시간지연밸브에는 정상상태 닫힘형과 정상상태 열림형이 있다.

(1) 정상상태 닫힘형 시간지연 밸브

그림 6-27은 정상상태 닫힘형의 시간지연 밸브의 구조를 나타내고 있다. 이 밸브는 3/2-way 밸브, 속도조절밸브 및 공기 저장탱크로 구성되어 있으며, 3/2-way 밸브가 정상상태에서 닫혀있는 밸브이다.

제어관로 z에 압축공기가 공급되지 않은 상태에서는 포트 P에 공급되는 압축공기는 포트 A로 공급되지 못하고 차단된 상태로 있다.

압축공기가 제어관로 z에 입력되면 속도조절밸브를 통하여 탱크로 들어가게 되고, 탱크 내의 압력이 설정 압력에 도달하게 되면 피스톤이 아래로 내려가 유로를 열어 포트 P의 압축공기는 포트 A로 흐른다.

제어관로 z에 입력된 제어신호가 제거되면 공기 저장탱크에 차 있던 압축공기는 속도조절밸브의 교축부를 통하지 않고 체크밸브를 통하여 빠른 시간에 배기가 되고 3/2-way 밸브는 정상상태로 되돌아온다.

압축공기가 제어 관로 z에 도달한 때부터 탱크에 설정된 압력이 형성될때까지 걸리는 시간을 밸브의 제어지연시간이라 한다. 제어 지연시간은 대체로 30초 이내가 되고, 스로틀밸브의 교축량을 조절하여 시간을 조절한다.

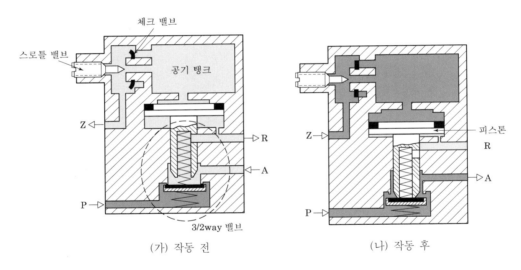

(가) 작동 전   (나) 작동 후

그림 6-27 ◆ 정상상태 닫힘형 시간지연밸브

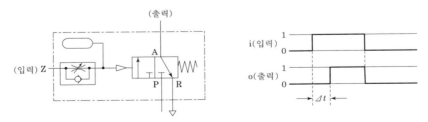

그림 6-28 ◆ 정상상태 닫힘형 시간지연밸브의 기호 및 동작 특성

정상상태 닫힘형 시간 지연 밸브의 시간 지연 특성은 그림 6-28과 같다. 제어관로 z에 입력 신호 i가 입력된 후, 일정한 시간($\triangle t$)이 경과되면 포트 A에서 출력 신호 o를 얻을 수 있고, 입력신호 i가 없어지면 출력 o는 없어진다.

시간지연 밸브를 사용한 회로 작성방법에 대해서는 연습문제 2에서 설명을 하였다.

(2) 정상상태 열림형 시간 지연 밸브

3/2-way 밸브가 정상 상태에서 열려 있는 점이 정상상태 닫힘형과 다르다.

이 밸브에서도 제어관로 z에 압축공기가 공급되어 공기탱크 안의 압력이 설정 압력에 도달하면 3/2-way 밸브가 작동되고, 포트 P에서 포트 A로의 통로는 차단된다. 이 때 포트 A의 공기는 포트 R를 통하여 배기가 된다. 제어관로 z에 작용된 제어신호가 제거되어 공기탱크 내의 압축공기가 배출되면 3/2-way 밸브는 원래 위치로 되돌아온다.

이 밸브의 시간지연 특성 그래프는 그림 6-30과 같다. 제어관로 z에 입력신호 i가 입력된 후 일정 시간 ($\varDelta t$)이 경과되면 포트 A에서 출력신호 o가 없어진다. 지연 시간($\varDelta t$)은 속도조절밸브를 이용하여 30초 정도로 조절할 수 있다.

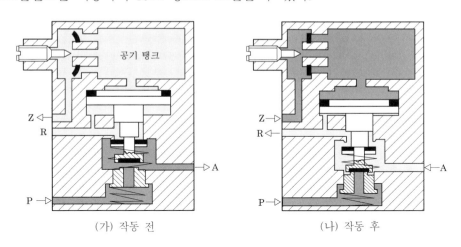

(가) 작동 전   (나) 작동 후

그림 6-29 ✿ 정상상태 열림형 시간지연밸브

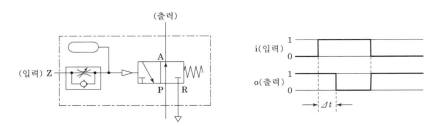

그림 6-30 ✿ 정상상태 열림형 시간지연밸브의 동작 특성

6.7 리밋스위치

　공기압 리밋스위치는 3/2-way 밸브이다. 공기압 제어시스템에서 가공물의 클램핑 및 이송 등의 작업을 할 때 실린더의 전진 및 후진 완료 위치를 감지하는 데 사용된다.
　공기압 제어의 대부분은 앞의 작업이 끝난 것을 확인하고 다음 작업으로 넘어가는 시퀀스제어 이기 때문에 이러한 리밋스위치를 사용하여 작업 내용을 확인하여야 한다.
　공기압 시스템의 고장은 이러한 주변 부품의 고장에 기인하는 경우가 대부분이다. 그러므로 리밋스위치를 선택할 경우에는 다음의 조건을 만족해야 한다.

　① 견고한 구조
　② 스위칭의 신뢰성
　③ 보수 유지가 필요없는 작동

제 7 장
공기압 제어 회로의 기초

7.1 회로도의 구성

그림 7-1은 공기압 제어에서 신호 흐름을 나타낸 것이다. 회로도를 작성할 때에도 신호 흐름과 마찬가지 방법으로 밑에서 윗방향으로 에너지 전달이 되도록 해야 한다.

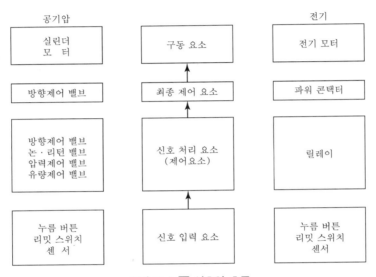

그림 7-1 ⬆ 신호의 흐름

회로도를 작성할 때에는 요소들의 실제 배치는 생각하지 않고 회로도를 작성해야 하고, 모든 실린더와 방향 제어밸브 등 모든 공기압 요소들은 수평으로 그리도록 한다.

그림 7-2는 신호 흐름의 원칙에 의하여 작성된 회로도의 예이다. 이 회로도에서 리밋 스위치 V1은 실제로는 피스톤의 전진완료 위치에 위치한다. 그러나 이 밸브는 신호 입력 요소이기 때문에 회로도를 작성할 때에는 회로도의 하단에 그린다.

여기에서 4/2-way 밸브를 최종제어요소라고 한 것은 실린더의 전진 및 후진을 직접 제어하는 마지막 공기압 요소이기 때문이다.

또한 최종제어요소로 사용되는 밸브는 리밋스위치와는 달리 실린더를 전·후진시켜야 하기 때문에 많은 양의 압축공기가 흐를 수 있는 구조이어야 한다. 따라서 밸브의 입구와 출구의 지름은 커져야 한다. 실린더에 힘을 전달해 주는 의미에서 파워 밸브라고도 한다.

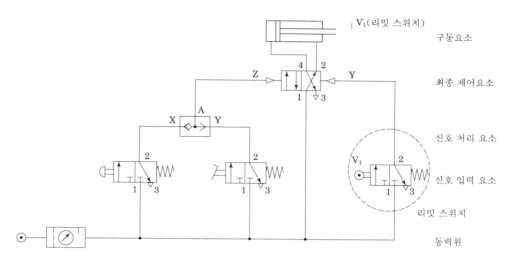

그림 7-2 ❖ 신호 흐름 원칙에 의해 작성된 회로도

7.2 공기압 요소의 표시 방법

제어 시스템이 복잡하고 여러 개의 구동 요소가 있을 경우에는 각각의 요소를 구분하여 표시할 수 있어야 한다.

공기압 요소의 표시 방법에는 숫자를 이용하는 방법과 문자를 이용하는 방법이 있다.

① 숫자 표시법

(1) 그룹의 분류

그룹 0 : 에너지 공급 요소(압축기)
그룹 1, 2, 3 : 각 제어 시스템을 표시(실린더의 개수와 그룹의 숫자는 일치)

(2) 그룹 내에서의 일련번호 체계

.0 : 구동요소이다. 공기압 실린더와 모터를 구별하지 않는다.
.1 : 최종 제어요소

.2, .4, .6 (짝수) : 구동요소의 전진 운동에 영향을 미치는 모든 요소

.3, .5, .7 (홀수) : 구동요소의 후진 운동에 영향을 미치는 모든 요소

.01, .02 : 유량제어밸브와 같이 제어요소와 구동요소 사이에 있는 요소

(3) 제어밸브에서 제어신호의 숫자 표시

최종제어요소의 좌측 제어관로에 14의 숫자는 최종제어요소의 좌측 제어관로 z에 압축공기가 공급되었을 때 포트 1과 4를 연결해 주는 것을 의미한다.

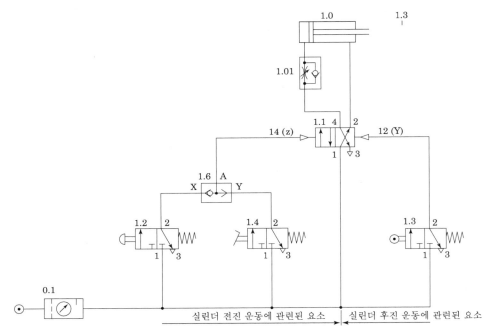

그림 7-3 ✿ 숫자 표시법에 의한 회로도의 예

그림 7-3에서 실린더에 붙여진 1.0의 숫자는 한 개의 실린더를 의미하고, 실린더가 2개 있는 경우에 또 하나의 실린더는 2.0으로 표시된다. 또한, 사용된 밸브 및 누름 버튼 스위치 등에 붙여진 숫자 중 앞의 1은 1번 실린더에 속해 있는 공기압 요소들을 뜻한다. 그리고 뒤에 있는 숫자는 1번 실린더의 전진과 후진운동을 발생시키는 요소들을 뜻한다. 어떠한 경우에도 뒤에 있는 숫자는 중복해서 사용하지 않는다.

유량제어밸브에 붙여진 1.01은 1.0 실린더 속도조절에 사용되고, 1.01 밸브의 설치 목적이 실린더의 후진되는 속도를 제어하기 때문에 마지막 숫자가 1이다.

② 문자 표시법

구동 요소는 영문자의 대문자로 표시하고 리밋스위치는 소문자로 표시한다.

A, B, C … : 작업요소인 실린더의 개수
a_0, b_0, c_0 … : 각 실린더의 후진된 위치를 확인하는 리밋스위치
a_1, b_1, c_1 … : 각 실린더의 전진된 위치를 확인하는 리밋스위치

그림 7-4는 문자 표시법에 의한 실린더와 리밋스위치의 위치를 나타낸 것이다.
공기압 회로도를 작성할 때 숫자 표시방법과 문자 표시법을 혼용하여 사용하여도 문제가 발생하지 않는다. 특히 캐스케이드 방식으로 회로도를 설계할 때 문자 표시법이 편리하다는 것을 알게 될 것이다.

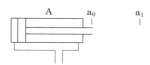

그림 7-4 🔼 문자 표시법

제 8 장
공기압 제어 회로

공기압 제어 방법에는 입력 조건이 충족되면 출력 신호가 나오는 논리 제어와 미리 결정된 순서대로 제어 신호가 출력되어 순서에 따른 작업이 가능한 시퀀스 제어 두 가지로 분류된다.

8.1 논리 제어 회로

논리 제어는 자동차의 경적과 같이 입력조건이 충족되면 출력인 경적소리가 나는 제어방법이다. 입력 신호가 없어지면 출력도 없어지므로 메모리 기능은 없다. 이러한 논리 제어는 파일럿 제어라고도 한다. 여기에서는 YES, NOT, AND 및 OR 등의 기본 논리에 대해서 설명한다.

논리제어에 사용되는 공기압 요소로는 AND 및 OR 논리 밸브와 방향 제어밸브 등이 사용된다.

① YES 논리

YES 논리는 입력이 존재할 때에만 출력이 존재하고 입력이 없어지면 출력도 없어지는 논리를 의미한다.

진리표에서 입력 및 출력신호가 있을 때는 1, 없을 때는 0으로 표시한다. 이러한 표현 방법은 다른 논리에서도 동일하게 사용된다.

① 진리표 : 입력 i가 존재하면 출력 o도 존재하고, 입력이 없어지면 출력도 없어진다.

i	o
0	0
1	1

② 논리 방정식 : o=i
③ 공기압의 논리요소

공기압에서 YES 논리 기능은 그림 8-1과 같은 정상상태 닫힘형의 3/2-way 밸브가 이용된다. 그림 8-1에서 제어관로 12에 입력신호 i가 있으면 밸브의 위치가 변환되어 포트 1에서 2로 출력이 있고 제어관로 12에 입력 신호가 제거되면 스프링 힘에 의해 포트 1에서 2로 출력되는 신호는 없어진다.

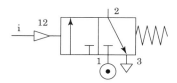

그림 8-1 🔼 공기압 논리 요소

② NOT 논리

NOT 논리는 입력이 존재하지 않을 때에만 출력이 존재한다. 다시 말해서 입력이 존재하면 출력이 없어지는 논리를 의미한다.

① 진리표 : 입력 i가 존재하지 않을 때 출력 o가 나오게 되고, 입력이 존재하면 출력은 없어지게 된다.

i	o
0	1
1	0

② 논리 방정식 : $o = \overline{i}$
③ 공기압의 논리요소

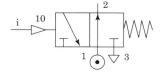

그림 8-2 🔼 공기압 논리 요소

그림 8-2에서 제어관로의 숫자가 10으로 표시된 것은 제어관로에 공기압이 작용되어 밸브의 위치가 변환되었을 때, 밸브의 위치변환으로 인하여 압축공기 공급 포트인 1이 막히기 때문에 0으로 표시하여 10으로 표시한다.

3 AND 논리

두 개의 입력 신호 a 및 b가 모두 존재할 경우에만 출력이 존재한다. 이압 밸브는 2개의 입력 신호가 있을 때만 출력이 존재하기 때문에 공기압의 AND 요소라는 말로도 표현한다.

① 진리표 : 두 개의 입력이 모두 존재할 때에만 출력이 존재한다.

i_1	i_2	0
0	0	0
0	1	0
1	0	0
1	1	1

② 논리 방정식 : $o = i_1 \cdot i_2$

③ 공기압에서의 AND 논리를 실행하는 방법은 다음과 같다.

㉠ 밸브의 직렬연결에 의한 방법 : 이 방법이 가장 간단하다. 그리고 비용도 적게 든다. 그러나 실제 적용에 있어서 1.4 리밋스위치는 실린더 전진 또는 후진위치에 장착해야 되므로 1.2 누름 버튼과 1.4 리밋스위치 사이의 배관이 매우 길어질 수 있다. 따라서 이러한 방법으로 연결하여 1.4에서 출력되는 신호를 다른 신호와 연결해서 사용할 때 1.4에서 출력되는 압력이 너무 약해지는 문제점이 발생될 수 있다.

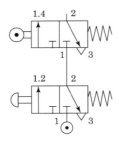

그림 8-3 ✿ 밸브의 직렬연결에 의한 논리

㉡ 2압 밸브에 의한 방법 : 1.2 누름 버튼과 1.4 리밋스위치의 신호는 공기압 탱크로부터 직접 압축공기를 공급받게 할 수 있으므로 다른 신호와 연계하여 사용할 수 있고, 1.6과의 배관길이도 짧게 할 수 있다.

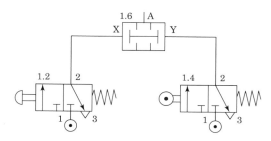

그림 8-4 ⬆ 이압 밸브에 의한 논리

ⓒ 3/2-way 밸브에 의한 방법 : 압축 공기를 1.4 리밋스위치에서 직접 공급받을 수 있고 1.6 밸브와의 거리도 짧게 할 수가 있기 때문에 1.6의 작업 라인에서 강한 신호가 보장된다. 직렬연결에 비해 경비가 많이 든다.

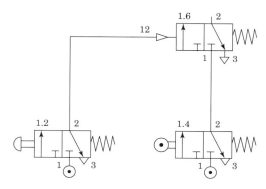

그림 8-5 ⬆ 3/2-way 밸브에 의한 AND 논리

④ OR 논리

두 개의 입력 신호 a 및 b가 작용될 때 1개의 신호만 출력으로 연결되는 논리를 말한다. 셔틀밸브는 두 개의 입력 신호 중 1개의 신호만을 출력으로 연결하기 때문에 공기압의 OR 요소라는 말로도 표현한다.

① 진리표 : i_1 및 i_2 두 개의 입력 중 어느 하나의 입력만 존재해도 출력은 존재한다.

i_1	i_2	0
0	0	0
0	1	1
1	0	1
1	1	1

② 논리방정식 : $o = i_1 + i_2$

③ 공기압 논리 요소 : 공기압에서의 OR 논리는 셔틀밸브를 사용한다.

그림 8-6 ✿ 공기압 논리 요소

8.2 공기압 시퀀스 제어

시퀀스 제어(sequence control)에는 일정한 시간이 경과되면 다음 작업이 수행되는 시간에 의한 제어방법과 작업의 완료 여부를 리밋스위치나 센서 등으로 확인하여 다음 단계의 작업을 수행하는 위치에 따른 제어방법이 있다.

시간에 따른 제어방법은 신호등처럼 일정한 시간이 경과되면 그에 따른 제어 신호가 출력되는 제어방법이다.

위치에 따른 제어방법은 지금 이루어지고 있는 단계의 작업완료 여부를 리밋스위치나 센서를 이용하여 확인한 후 다음 단계의 작업을 수행하는 것으로, 공장 자동화에 가장 많이 이용되는 제어방법이다. 즉 전 작업이 이루어지지 않으면 다음 작업은 진행되지 않는다. 따라서 여기에서는 리밋스위치를 사용한 위치에 따른 시퀀스 제어 회로 작성법만을 다루기로 한다.

❶ 시퀀스 회로도의 구성

운동 순서도와 부가 조건이 명확하게 설정되면 회로도 작성을 시작할 수 있다. 시퀀스 회로도의 구성을 체계적인 방법으로 설명하기 위해서는 실제의 예를 들어 설명하면 이해하기 쉬울 것이다.

작업의 순서를 쉽게 이해하기 위해서는 운동순서도와 제어선도를 그릴 수 있어야 한다. 운동순서도는 실린더의 동작순서에 대한 실린더의 작동된 위치를 나타내기 때문에 변위단계선도라고도 한다.

예제 8-1

컨베이어에 의해서 운반된 상자를 A실린더로 밀어올린 다음, B실린더가 상자를 다른 컨베이어로 밀어낸다. B실린더는 A실린더가 후진 운동을 완료한 후에 후진 운동을 시작해야 한다.

작업 시작 신호는 누름버튼으로 주어지며, 누름버튼을 작동시킬 때마다 한 사이클씩 작업을 수행한다.

위와 같은 작업을 수행하는 데 필요한 사항에 대하여 설명하시오.

풀이 위 예제의 운동순서도 및 제어선도를 나타내면 아래 그림과 같다.

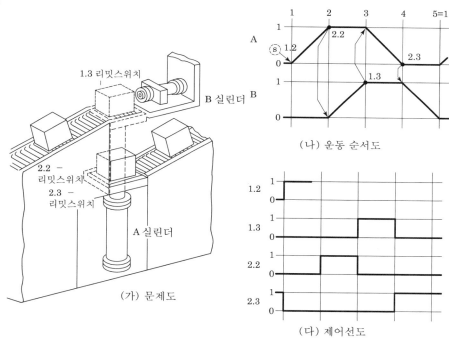

그림 8-7 🔼 운동순서도 및 제어선도

그림 (나)의 운동순서도에 대한 설명은 다음과 같다.

① 실린더가 전진하는 것은 올라가는 경사진 직선으로 나타내고, 후진하는 것은 내려가는 경사진 직선으로 나타낸다. 실린더가 정지해 있는 상태는 수평선으로 표시한다. 운동순서도에서 1은 전진위치, 그리고 0은 후진위치를 나타낸다.
② 단계는 실린더의 작업순서를 나타낸다. 단계 1, 2, 3, 4 및 5의 간격은 실린더의 동작 속도에 관계없이 일정하게 나타낸다.

③ 주어진 실린더의 작동순서를 다음과 같이 표현한다.

A+, B+, A−, B−

여기에서 "+"는 실린더의 전진을, "−"는 실린더의 후진을 나타낸다.

④ 각 단계에서의 실린더의 동작 상태

　　㉠ 단계 1에서는 A실린더가 전진을 시작하고, B실린더는 후진된 상태를 유지하고 있다.

　　㉡ 단계 2에서는 A실린더는 전진을 완료하여 전진상태에 머물러 있고, B실린더는 전진운동을 시작한다.

　　㉢ 단계 3에서는 A실린더가 후진을 시작하고, B실린더는 전진을 완료하여 전진된 상태를 유지하고 있다.

　　㉣ 단계 4에서 A실린더는 후진을 완료하고 후진된 상태로 머물러 있으며, B실린더가 후진을 시작한다.

　　㉤ 단계 5는 B실린더가 후진을 완료하여서 두개의 실린더가 한 사이클의 모든 작업을 완료하였다. 그리고 누름버튼을 새로 작동시키면 새로운 작업에 들어갈 수 있는 상태이다. 따라서 이러한 의미로 운동순서도에서 5=1로 표현하였다.

⑤ 운동순서도의 •은 리밋스위치를 나타내고, ╱◥ 는 리밋스위치의 작동에 의해 화살표가 가리키고 있는 실린더가 작동되는 것을 의미한다.

⑥ 1.2는 작업시작을 나타내는 누름 버튼을, 1.3은 B실린더의 전진완료 위치에 설치되어 A실린더의 후진운동을 지시하는 리밋스위치이다. 2.2는 A실린더 전진 완료 위치에 설치되어 B실린더의 전진운동을 지시하는 리밋스위치를 나타낸다. 2.3은 A실린더의 후진완료 위치에 설치되어 B실린더의 후진을 지시하는 리밋스위치이다. 이러한 표현 방법은 앞으로 자세히 배우게 된다.

그림 (다)의 제어선도에 대한 설명은 다음과 같다.

① 제어선도에서 1은 출력이 있는 상태이고, 0은 출력이 없는 상태를 나타내고, ⌐¬ 은 피스톤에 장착된 캠에 의해 눌려진 리밋스위치에서 출력이 있다는 것을 나타낸다.

② 누름버튼 1.2는 작동시키는 동안만 신호 압력이 출력된다.

③ A실린더가 전진을 완료하여 B실린더를 전진시키는 데 사용되는 2.2 리밋스위치가 눌려지면 리밋스위치에서 나오는 신호를 받아 B실린더가 전진한다.

④ B실린더가 전진을 완료하여 1.3 리밋스위치를 누르게 되면, 리밋스위치가 눌리는 순간에 출력되는 압력신호를 가지고 A실린더를 후진시킨다. 따라서 지금까지 A실린더에 의해 눌려졌던 2.2 리밋스위치에서 출력되던 압력신호는 제거된다.

⑤ A실린더가 후진을 완료하여 2.3 리밋스위치를 작동시키면 리밋스위치에서 출력되는 신호압력에 의해 B실린더가 후진된다. A실린더에 의해 눌려진 2.3 리밋스위치에서

출력되는 신호는 다시 누름버튼을 작동시켜 A실린더가 전진할 때까지 계속해서 신호압력을 출력하고 있다.

⑥ B실린더가 후진을 시작하면 눌려져 있던 1.3 리밋스위치가 원상태로 되돌아오기 때문에 리밋스위치에서 신호는 출력되지 않는다.

이상의 과정을 간단히 말하면 리밋스위치가 눌려져 있을 때에만 신호 압력이 나오고, 그 압력신호를 받아서 다음 작업을 수행한다.

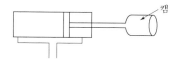

그림 8-8 ⬆ 피스톤 로드에 장착되어 리밋스위치를 작동시키는 캠

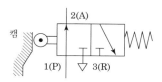

그림 8-9 ⬆ 초기상태에서 캠에 의해 눌려진 리밋스위치

그림 8-9는 피스톤 로드에 장착된 캠이 실린더가 전진하지 않은 초기상태에서 리밋스위치의 롤러를 눌러 리밋스위치를 동작시키고 있는 것을 나타내고 있다. 다시 말하면 지금 리밋스위치는 실린더의 후진된 위치에 설치되어 있다.

따라서 실린더가 전진하면 캠이 리밋스위치를 작동시키는 롤러의 위치에서 벗어나 리밋스위치는 정상 상태로 되돌아온다. 즉, 포트 P에서 A로 연결되는 유로는 차단된다. 리밋스위치에 붙여지는 기호는 항상 초기상태로 나타내는 위치에 표시하여야 한다. 초기상태란 주어진 모든 실린더 및 리밋스위치의 설치와 배관이 완료되어 시작버튼인 누름버튼을 누르면 실린더가 동작될 수 있는 상태를 말한다.

② 회로도 설계 순서

다음의 순서에 따라서 예제 8-1의 회로도를 설계하기로 한다.

① 구동 요소를 그린다.
② 각 구동 요소에 관련된 최종제어요소(방향제어밸브)를 그린다.
③ 신호입력 요소를 그린다. 최종제어요소로 사용된 한 개의 메모리 밸브에 전진과 후진에 필요한 두 개의 입력신호가 필요하다.

메모리 밸브란 밸브를 동작시키는 제어신호 중 한쪽에 스프링을 사용하지 않고 양쪽 모두 공기압을 사용하기 때문에 밸브를 동작시킨 후 공기압을 제거하여도 밸브의 위치는 변환된 그 상태를 유지한다. 변환된 상태를 유지하기 때문에 메모리밸브라 하며, 캐스케이드 방식에서도 사용된다.

그림 8-10 ✿ 실린더, 방향제어밸브 및 신호입력 요소 설치

④ 초기 상태에서 모든 실린더가 후진되도록 방향제어밸브와 실린더 사이에 배선을 한다.

⑤ 이 예제에서의 실린더 동작순서는 다음과 같다. A실린더가 전진하면 2.2 리밋스 위치가 눌려진다. 그러면 B실린더가 전진하여 1.3 리밋스위치를 누른다. 그러면 A 실린더가 후진하고 2.3 리밋스위치가 눌려져서 B실린더가 후진된다. 따라서 이 동작조건에 맞도록 리밋스위치 번호를 실린더 전진 및 후진위치에 기입한다.

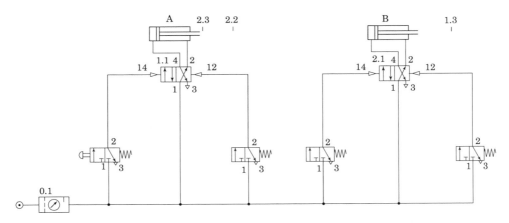

그림 8-11 ✿ 실린더 전진 및 후진 위치에 리밋스위치 번호 기입

⑥ 리밋스위치 및 방향제어밸브에 번호를 붙인다. 각 실린더를 전진 또는 후진시키는 방향제어밸브를 중심으로 왼쪽은 실린더의 전진운동에 관련된 요소들이고, 오른 쪽은 후진운동에 관련된 요소들이다. 전진운동에 관련된 요소들은 짝수로 나타내

고, 후진은 홀수로 나타낸다.

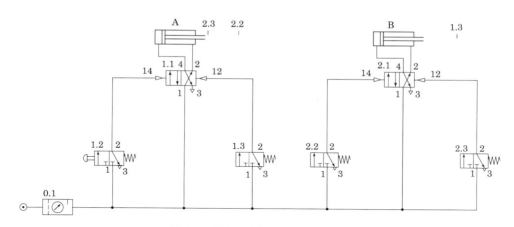

그림 8-12 ✿ 공기압 요소들에 번호 기입

⑦ 초기상태에서 리밋스위치가 어떤 상태로 되어 있는가를 확인하여 롤러의 기호를
   기입한다. 여기에서 2.3 리밋스위치는 초기상태에서 A실린더에 의해 눌려져 있기
   때문에 그림 8-9처럼 표현해야 된다.

   그림 8-13의 회로도에서는 작업의 마지막 순서인 B실린더가 후진을 완료하지
   않고 후진 행정 중에 있을 때 누름버튼 1.2를 작동시키면 A실린더가 전진을 하기
   때문에 사고 위험성이 있다. 따라서 B실린더가 후진을 완료한 다음 누름버튼을
   작동시켜 새로운 작업을 시작하기를 원한다면 다음과 같이 회로를 구성해야 될
   것이다.

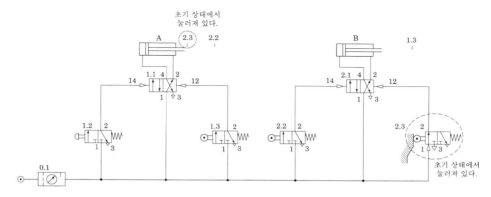

그림 8-13 ✿ 완성된 회로도

⑧ 마지막 작업이 이루어진 것을 확인하는 리밋스위치
   실린더 B의 후진 위치에 마지막 작업이 이루어진 것을 확인해 주는 리밋스위치

1.4를 설치한다. 그러면 시동 스위치 1.2가 작동되고 리밋스위치 1.4가 피스톤 로드의 캠에 의해 눌린 상태로 있어야만 새로운 작업이 시작될 수 있다. 즉, 마지막 작업이 끝나지 않은 상태에서 누름 버튼을 작동시켜 실린더를 전진시키려 해도 실린더는 전진되지 않는다. 이런 조건을 AND 조건이라 하며, 실린더의 전진조건으로 많이 사용된다.

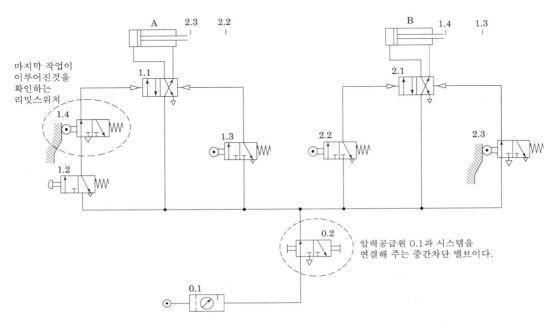

그림 8-14 ⬆ 마지막 작업을 확인하는 리밋스위치가 부착된 회로도

이러한 회로는 누름버튼을 잘못해서 계속 누르고 있는 경우 한 사이클의 작업을 마치고 B실린더가 후진을 완료했을 때 A실린더는 작업자의 의지와는 관계없이 튀어 나가게 되므로 안전에 문제가 발생될 수 있다. 이러한 문제의 해결 방법에 대하여는 후에 설명될 연습문제 2에서 자세히 설명하였다.

이 회로도에서는 그림 8-13과 달리 밸브에서의 포트 번호를 생략하였다. 포트번호가 없더라도 그 의미를 이해해야 된다.

예제 8-1에서처럼 주어지는 실린더의 동작순서에서는 8.3절에서 설명하는 간섭현상이 발생되지 않았다.

8.3 제어 신호의 간섭 현상

시퀀스 제어에서 끊임없이 발생되는 문제는 최종제어 요소인 방향제어밸브의 양쪽 제어관로에 실린더의 전진운동 제어 신호와 후진운동 제어 신호가 동시에 존재하게 되어 어느 한쪽의 제어 신호는 기능을 발휘할 수 없게 되는 간섭현상이 발생하는 것이다. 즉, 하나의 최종제어요소에 전진운동 신호와 후진운동 신호가 같이 존재하면 먼저 입력된 신호만 유효하게 되고, 늦게 입력되는 신호는 기능을 발휘할 수 없게 된다.

이러한 간섭현상은 전기 신호로 작동되는 솔레노이드 밸브에서는 솔레노이드 코일이 소손되는 원인이 되기도 한다. 그러므로 상반된 제어신호가 같이 존재하게 되는 간섭현상이 발생되지 않도록 해야 된다.

시퀀스 제어는 간섭현상을 없애주는 방법에 따라 다음의 몇 가지로 분류된다.

공기압 타이머 및 방향성 리밋스위치를 이용하는 방법과 메모리 밸브를 사용하여 회로 상으로 해결하는 캐스케이드 방법, 시프트 레지스터 모듈을 이용하는 방법 등이 있다.

시프트 레지스터 모듈을 이용하는 방법에 대하여는 효율성 등의 문제로 이 책에서는 다루지 않는다.

이 장에서는 공기압 타이머와 방향성 리밋스위치에 관련된 내용에 대해서만 설명한다.

🚹 방향성 리밋스위치

간섭현상을 발생시키는 제어신호가 리밋스위치로부터 나오는 것이라면 방향성을 가지고 작동되는 리밋스위치를 이용하여 불필요한 신호를 제거할 수 있다. 방향성 리밋스위치는 한쪽 방향으로만 작동되는 리밋스위치이며, 그림 8-15는 이 밸브의 기호를 나타낸다.

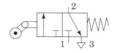

그림 8-15 🔼 방향성 리밋스위치

방향성 리밋스위치를 사용할 때에는 다음 사항들을 주의한다.

① 리밋스위치를 작동시키는 피스톤 로드의 캠이 리밋스위치를 작동시킨 다음, 지나가서 멈추기 때문에 리밋스위치가 실린더의 전·후진이 완료되기 전에 작동되도

록 설치되어야 한다. 따라서 정확한 위치제어에 사용하기에는 문제가 있다.

② 방향성 리밋스위치는 피스톤이 후진된 위치에서 눌려져 있는 상태로 존재할 수 없기 때문에 계속되는 동작제어나 감시 등의 목적에는 사용될 수 없다.

② 공기압타이머에 의한 신호 제거

앞에서 설명한 정상 상태 열림형 시간 지연 밸브의 속도 조절 밸브를 적절히 조절하면 펄스 신호를 얻을 수 있어 간섭현상을 방지해 준다. 이러한 목적에 사용되는 시간지연밸브를 공기압 타이머라고도 한다.

공기압 타이머를 사용해서 신호 제거 회로를 구성하면 펄스 회로의 신뢰성이 높아서 정확한 작동을 기대할 수 있지만, 정교한 제어에 사용될 때에는 회로 구성이 복잡하고 비용이 많이 드는 단점이 있다.

제 9 장
캐스케이드 시퀀스 제어

캐스케이드(cascade)라는 명칭은 메모리 형식의 방향제어밸브를 직렬연결하여 사용했기 때문에 생겼다.

그림 9-1에 3그룹의 4/2-way 밸브(또는 5/2−way 밸브)를 사용한 캐스케이드 밸브의 배열을 보여 주고 있다. 이러한 배열의 특징은 어느 한 순간에 항상 하나의 출력관로에만 압축공기가 공급되고, 나머지 관로는 모두 배기된다. 또한 입력 i와 출력 s 사이에 명확한 관계가 있다는 것이다. 즉 i_1 신호가 입력되면 0.2 4/2-way 밸브 s_1에서 출력 신호를 얻게 되고, i_2 신호가 입력되면 출력신호 S_2를 얻게 된다. 그리고 i_3 신호가 입력되면 S_3에서 출력신호를 얻는다.

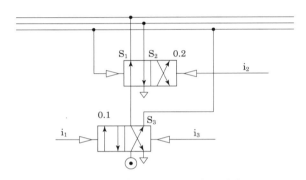

그림 9-1 ⬆ 캐스케이드 밸브 배열

9.1 캐스케이드 방식의 회로도 설계 순서

(1) 실린더의 작동순서를 결정한다.

다음과 같은 실린더의 동작순서를 가지는 회로를 설계하고자 한다.

$$A+, \; B+, \; B-, \; A-$$

① 실린더는 A, B…를 사용하여 표시한다.
② "+"기호는 실린더의 전진을 나타낸다.
③ "−"기호는 실린더의 후진을 나타낸다.

(2) 작동 순서를 그룹으로 나눈다.

캐스케이드 밸브의 수를 최소화하기 위하여 작동순서를 그룹별로 나누어야 한다. 이 때 하나의 실린더 전진 및 후진이 같은 그룹에 속하지 않도록 그룹을 나눈다.

A+, B+ | B−, A−
1그룹   2그룹

(3) 실린더와 이를 제어하는 최종제어요소인 방향제어밸브를 그린다.

캐스케이드 방식을 사용할 때 실린더는 스풀방식의 4/2−way 방향제어밸브에 의해 제어되는 데, 이것을 메모리 밸브라 한다.

(4) 각 요소에 표시 기호를 기입한다.

① 리밋스위치의 "0"은 실린더가 후진된 위치에 설치되어 있음을 나타낸다. 즉, 실린더가 후진된 위치에서 리밋스위치는 피스톤 로드 끝에 설치된 캠에 의하여 눌려져 있다. 리밋스위치의 "1"은 피스톤이 전진된 위치에 설치되어 있음을 나타낸다.

② 앞에서는 실린더의 전진 및 후진의 운동 상태를 따져서 1.4, 2.2, 2.3 등의 리밋스위치 번호를 기입하였으나 그러한 방법은 조건을 따져야 하기 때문에 불편하다. 따라서 지금부터는 후진은 0, 전진은 1로 표시한다. 예를 들어 A실린더의 후진위치는 a_0, 그리고 전진 위치는 a_1으로 표현한다. 다른 실린더도 똑같은 방법으로 표현한다.

③ A실린더를 전진시키기 위해서는 최종제어요소인 방향제어밸브의 왼쪽 제어관로 z 에 압력을 가해야 되고, 후진되기 위해서는 우측 제어관로 y에 압력을 가해야 된다. 또한 A실린더의 z 제어관로에 압력이 전달되면 실린더가 전진하기 때문에 A+라고 표시하기도 한다. 따라서 각 방향제어밸브의 제어관로에 A+, A−, B+, B− 등으로 표시한다.

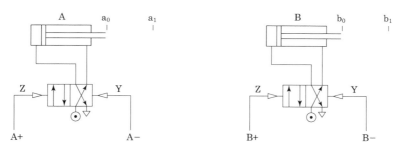

그림 9-2 ▲ 각 요소에 기호 부여

(5) 필요한 캐스케이드 밸브의 수를 결정한다.

필요한 밸브는 그룹의 수보다 하나가 적다.

(6) 그룹나누기

다음에 그룹에 대한 캐스케이드 밸브의 배열을 나타내고 있다.

① 2개 그룹일 때 : 3개의 실린더 동작순서가 A+, B+, C+ | C−, B−, A−로 주어져 2개 그룹으로 나누어질 때, 여기에서 i_1은 1그룹으로 압력신호가 출력되는 제어 위치를 뜻하고, i_2는 2그룹으로 압력신호가 출력되는 것을 의미한다. 또한 s_1은 1그룹 배관과 연결되는 밸브의 포트이고, s_2 는 2그룹 배관과 연결되는 밸브의 포트이다.

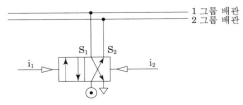

그림 9-3 ⬆ 2개 그룹일 때 캐스케이드 밸브 배열

② 3개 그룹일 때 : 3개의 실린더 동작순서가 A+, B+ | B−, A−, C+ | C−로 주어져 3개 그룹으로 나누어질 때 3개 그룹인 경우를 들어 캐스케이드 밸브 배열이 작동되는 순서를 설명한다.

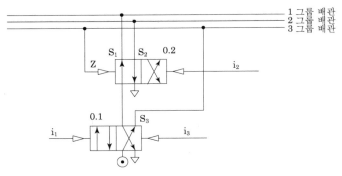

그림 9-4 ⬆ 3개 그룹일 때 캐스케이드 밸브 배열

㉠ 캐스케이드 밸브의 배치

2개의 캐스케이드 밸브 중 마지막 밸브는 그림 9-4처럼 밸브의 한 위치만큼 왼쪽으로 빗겨 그린다. 캐스케이드 밸브의 출력 포트와 그룹을 나누는 배관은 그룹 1, 2, 3의 순서인 우회전 하는 방향으로 연결하면 된다.

ⓛ 초기상태에서 마지막 그룹은 살아 있어야 된다.

주어진 작업을 진행하기 위하여 각 실린더는 그룹의 순서대로 살아가야만 간섭현상을 피할 수 있다. 또한 1그룹이 작업을 시작하기 위해서는 마지막 그룹인 3그룹에 압축공기가 공급되어 있어야 된다.

이렇게 그룹에 압축공기가 공급되어 있어 그룹의 변환 및 실린더를 작동시킬 수 있는 상태를 공기압 제어에서 그룹이 "살아있다"라고 표현한다.

ⓒ 그림에서 보면 0.1 캐스케이드밸브의 포트 s_3와 3그룹 배관이 서로 연결되어 있기 때문에 i_1으로 표시된 입력신호가 0.1 캐스케이드밸브의 제어관로에 작용하지 않으면 3그룹 배관에는 신호가 항상 살아 있다.

ⓐ 1그룹 배관에 압력신호 전달

3그룹 배관에 신호가 살아있기 때문에 0.2 캐스케이드밸브의 z 제어관로에 신호가 살아 있어 0.2 캐스케이드 밸브의 흐름방향을 ↑↓위치로 변환 시켜 출력포트 s_1에서 1그룹 배관으로 압축공기가 공급될 수 있도록 회로가 연결되었다. 즉 이 상태에서 입력신호 i_1만 작용되면 1그룹 배관에 압축공기가 공급된다.

메모리 밸브를 사용했기 때문에 입력신호 i_1이 제거 되어도 메모리 밸브의 위치는 변환되지 않고 현재의 상태를 유지한다.

ⓜ 2그룹 배관에 압력신호 전달

입력신호 i_2가 작용되면 0.2 캐스케이드 밸브의 흐름방향은 ✕ 방향으로 변환되어 1그룹 배관에는 압축공기 공급이 중단되고, 2그룹 배관에 압축공기가 공급된다.

ⓗ 마찬가지로 입력신호 i_3가 제어관로에 작용되면 3그룹을 나타내는 s_3 포트를 통하여 3그룹 배관에 압축공기를 공급하기 때문에 최초의 상태로 되돌아온다.

지금까지 설명한 것처럼 캐스케이드 회로의 특성은 여러 개의 그룹으로 구성된 회로에서 항상 한 그룹만 살아 있어 외부에 일을 하고 다음 그룹으로 넘어갈 때에는 이전의 그룹에는 압축공기가 공급되지 않아 그룹이 죽는 것이다.

입력신호 i_1, i_2 및 i_3는 실린더에 설치된 리밋스위치 중 그룹 변환의 목적에 사용되는 리밋스위치에 의하여 제어된다. 이것에 대하여는 9.2절에서 자세히 배우게 된다.

③ 4개 그룹일 때 : 3개의 실린더 동작순서가 A+ | A−, B+ | B−, C+ | C− 로 주어져 4개 그룹으로 나누어질 때

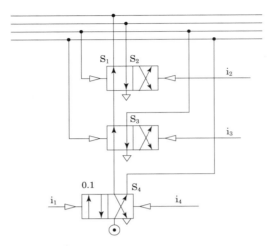

그림 9-5 ⬆ 4개 그룹일 때 캐스케이드 밸브 배열

9.2 캐스케이드 회로작성

(1) 그룹나누기

실린더의 작동순서를 기호로 표시하고 실린더 작동위치에 따라 동작되는 리밋스위치를 주어진 그룹나누기 표처럼 나타낸다.

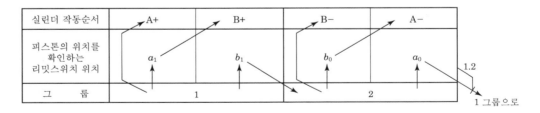

실린더 작동순서	A+	B+	B−	A−	
피스톤의 위치를 확인하는 리밋스위치 위치	a_1	b_1	b_0	a_0	1.2
그 룹	1		2		1 그룹으로

그룹나누기는 다음처럼 설명한다.

① 나뉘어진 그룹들은 순서대로 살아가야 한다.
② 항상 매 순간에 한 개 그룹만 살아 있어야 한다.
③ 시작스위치인 누름버튼을 누르기 전에 마지막 그룹은 살아 있어야 한다.

위에서 설명한 3개의 사항을 캐스케이드 3원칙이라 하는데, 이 원칙은 꼭 지켜져야 한다. 그룹나누기는 실린더의 동작순서와 리밋스위치 및 그룹과의 관계를 나타내 주는 것으로, 캐스케이드 회로를 작성하기 위해서는 중요한 내용이다. 이 내용을 알지 못하고서는 캐스케이드 방식에 의한 회로도 작성은 불가능한 것이다.

(2) 그룹나누기 표를 사용한 캐스케이드 회로 작성 방법

그룹나누기 표를 사용해서 캐스케이드 회로를 작성하는 방법에 대하여 설명을 하였다.

① 각 그룹의 첫 작업은 자신의 그룹 배관으로부터 압축공기를 공급받아 실린더를 작동시킨다. 이 예에서는 A+, B−가 해당된다.

② 각 그룹에서 다음 작업이 있는 경우에는 자신의 그룹으로부터 표시된 리밋스위치를 거쳐 실린더를 작동시킨다. 이 예에서는 a_1과 b_0 리밋스위치 그리고 B+, A−가 해당된다.

③ 각 그룹에서 마지막 리밋스위치는 마지막 리밋스위치가 속해 있는 그룹으로부터 압축공기를 받아 다음 그룹으로 그룹을 변환시키는 데 사용된다. 한 개의 그룹에 1개의 리밋스위치가 있는 경우에는 그 리밋스위치가 그룹을 변환시키는 데 사용된다. 즉, 리밋스위치가 2개 이상인 경우 마지막 리밋스위치를 제외한 것들은 실린더의 동작순서를 결정하는 데 사용되고, 마지막 리밋스위치는 그룹을 변환하는 데 사용된다. 이 예에서는 b_1과 a_0 리밋스위치가 해당된다.

④ 그룹나누기 표에서 화살표는 그룹 배관으로부터 압축공기를 받아 실린더를 전진 또는 후진을 시키고 그룹을 변환시키는 데 사용되었다.

(3) 회로도 작성

이상에서 설명한 방법에 따라 회로도를 작성한다. 여기에서는 완성된 회로도를 보여 주는 데 목적이 있고, 이 문제의 과정별 설계순서는 연습문제 5에서 설명하였다.

① 실린더의 전진 및 후진에 관련된 부분은 그룹을 나타내는 배관의 윗부분에 그리고, 그 다음 그룹 변환에 관련된 부분을 나타내는 것은 배관의 아랫부분에 그린다.

② 공기압 부품 사이의 배관연결을 배관용 T를 사용해서 하는 방법 : 완성된 회로도에서 출력 포트 s_1과 1그룹 배관이 만나는 곳은 A 실린더의 전진과 B실린더의 전진 그리고 b_1 리밋스위치를 거쳐 2그룹 배관으로 넘어가는 곳이다. 회로도에서 배관은 선으로 그어지지만, 실제 배선할 때 이 부분은 배관용 T를 사용하여 연결하여야 된다. 또한 출력포트 s_2와 2그룹 배선이 만나는 곳에도 T를 사용하여 연결해

야 한다.

실린더의 숫자가 많아지는 경우에는 T를 사용해서 배관할 때 착오를 일으키기 쉬워서 틀리는 경우가 많이 나오므로 주의해야 한다.

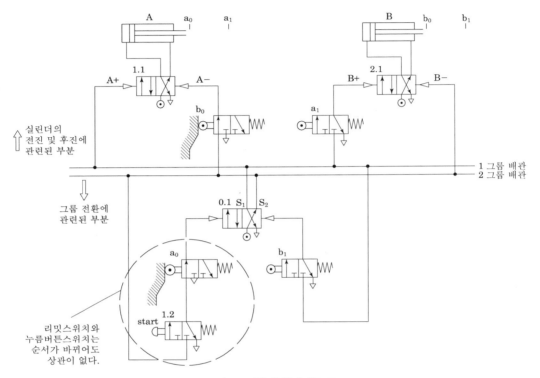

실린더의 전진 및 후진에 관련된 부분

그룹 전환에 관련된 부분

1 그룹 배관
2 그룹 배관

리밋스위치와 누름버튼스위치는 순서가 바뀌어도 상관이 없다.

그림 9-6 ⬆ 완성된 회로도

9.3 캐스케이드 제어 회로의 장단점

캐스케이드 제어 방법은 일반적으로 널리 사용되는 스풀 형식의 4/2-way(또는 5/2-way 밸브) 메모리 밸브를 사용하기 때문에 시퀀스 제어에서 흔히 발생하는 간섭현상을 해결하는 데 가장 경제적인 방법이라고 생각된다. 그러나 작동 시퀀스가 복잡하게 되어 제어그룹의 수가 많아지면 배선이 복잡하게 되어 제어 회로에 문제점이 발생되었을 때 해결 방법이 어려워지는 단점이 있다.

또한 캐스케이드 밸브의 수가 많아지면 캐스케이드 밸브는 직렬로 연결되어 있기 때문에 연결 배관에서 압력손실이 발생되어 최종제어요소, 메모리밸브 및 리밋스위치 작동에 걸리는 스위칭 시간이 길어지는 단점이 있다.

그러므로 제어그룹의 수가 최대 3~4개 이내인 경우에만 캐스케이드 제어 방법을 채택한다.

연 습 문 제

1. 가공물의 분류

Exercise

교육목표

1. 논리제어의 정의
2. 진리표, 논리식 작성법
3. 논리식을 회로로 표현하는 법
4. 다위치 실린더

다위치 실린더를 사용하여 도착된 물건을 4개의 컨베이어 벨트로 분류하려 한다. 다음 조건을 사용하여 회로도를 작성하시오.

① 원하는 위치로 실린더를 작동시키는 것은 4개의 누름 버튼을 이용한다.
② 누름버튼 작동순서에 관계없이 물건을 원하는 컨베이어로 이송시켜야 된다.
③ 진리표를 작성하여 회로도를 구성하시오.

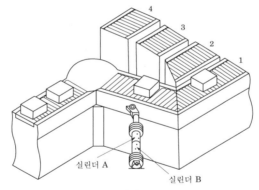

실린더 A
실린더 B

진리표

누름버튼 번호 〳 제어관로	Z_1	Y_1	Z_2	Y_2

진리표에서 Z_1 및 Y_1은 A 실린더를 전진 및 후진시키는 제어 신호이고, Z_2 및 Y_2는 B 실린더를 전진 및 후진시키는 제어 신호이다.

회로도 풀이

(1) 논리제어 문제 풀이 순서

① 8장 논리제어에서 설명했듯이 입력조건이 만족되어야만 출력이 있는 경우가 논리제어이다. 이 문제에서는 4개의 누름버튼을 사용하여 실린더를 원하는 위치로 전진시키고자 한다. 논리제어 문제를 해결하기 위해서는 실린더의 전진 및 후진운동의 조건을 따지는 진리표를 작성한 다음 논리식을 세우고, 논리식을 공기압 회로도로 표현해야 된다.

② 논리제어 문제는 "혼자서도 할 수 있는 전기공압제어"에서도 설명하였다. 나중에 이 부분을 배우게 될 때 지금 배우는 공기압 방식으로 회로도를 설계하는 방식과 전자 릴레이를 사용한 방법으로 설계하는 방식이 서로 같다는 것을 알게 될 것이다. 다만 논리식을 회로로 표현할 때 그림 기호만이 틀린 것이다.

(2) 진리표 작성

진리표를 작성하기 위해서는 입력신호와 실린더의 작동관계를 살펴보아야 된다. 입력신호 S_1이 작동되었을 때 2개 실린더가 모두 후진되는 경우를 가정한다. 누름버튼 S_1을 작동시켰을 때 Y_1 및 Y_2의 제어관로에 압력이 전달되도록 배관하여야 한다.

나머지 세 경우에 대하여도 같은 방법을 사용하면 아래의 진리표를 작성할 수 있다.

누름버튼 번호 　　　　제어관로	Z_1	Y_1	Z_2	Y_2
S_1(A, B 실린더 후진)		☆		☆
S_2(A실린더 전진, B실린더 후진)	☆			☆
S_3(B실린더 전진, A실린더 후진)		☆	☆	
S_4(A, B 실린더 전진)	☆		☆	

☆표는 제어관로에 입력 신호가 전달되고 있는 경우를 나타낸다.

위와 같이 진리표를 작성했을 때 4개의 누름버튼을 작동시키면 실린더의 위치를 4개로 제어할 수 있다.

(3) 논리식

진리표에 의하면 Y_1 제어관로에 입력신호를 주기 위해서는 S_1 또는 S_3 누름버튼이 작동되어야 되기 때문에 다음과 같은 논리식을 만들 수 있다.

$$Y_1 = S_1 + S_3$$

마찬가지 방법으로 나머지 논리식을 다음과 같이 만들 수 있다.

$$Z_1 = S_2 + S_4, \quad Y_2 = S_1 + S_2, \quad Z_2 = S_3 + S_4$$

여기에서 출력신호로 논리식을 정리한 것은 출력신호가 실린더를 전·후진시키기 때문이다.

(4) 논리기호의 공기압회로 표현

$S_1 + S_3$ 처럼 두 개의 누름버튼을 더해 주는 논리는 OR논리이므로 셔틀밸브를 사용하여 회로를 구성한다.

(5) 사용한 실린더

문제에서 주어진 다위치 실린더는 행정거리가 다른 2개의 실린더를 하나의 실린더로 조합하여 4개의 위치를 제어할 수 있게 만들어져 있다. 실린더의 종류에서 다위치 실린더의 작동방법에 대하여 배웠다. 이 연습문제에서는 행정이 다른 2개의 복동 실린더를 사용하여 설명하는 것이 더 편리하기 때문에 이 방법을 사용하여 회로를 설계하였다.

(6) 회로설계

① 먼저 2개의 실린더, 방향제어 밸브 및 4개의 누름버튼을 설치한다.

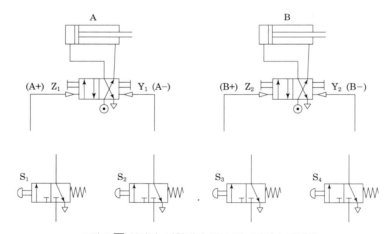

그림 1 ⬙ 실린더, 방향제어 밸브 및 4개의 누름버튼

② Y_1 논리식에 의하면 제어관로 Y_1에 신호가 전달되어 A실린더를 후진시키는 경우는 S_1 및 S_3 스위치가 눌려졌을 경우이다. 따라서 S_1 및 S_3 스위치가 제어관로 Y_1과 OR 조건으로 연결되도록 셔틀밸브를 사용한다.

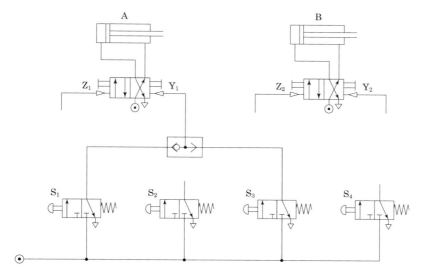

그림 2 ⬆ Y_1제어관로에 셔틀밸브를 사용하여 압력신호 공급

③ Z_1 논리식에 의하면 제어관로 Z_1에 신호가 전달되어 A실린더를 전진시키는 경우는 S_2와 S_4 스위치가 눌려졌을 때이다. 따라서 S_2와 S_4 스위치가 제어관로 Z_1과 OR 조건으로 연결되도록 셔틀밸브를 사용한다.

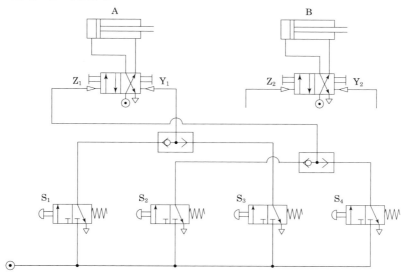

그림 3 ⬆ Z_1제어관로에 셔틀밸브를 사용하여 압력신호 공급

④ 마찬가지 방법으로 Z_2와 Y_2에 대하여 논리식을 적용하고 이해하기 쉽게 정리하면 다음과 같은 완성된 회로도를 얻을 수 있다.

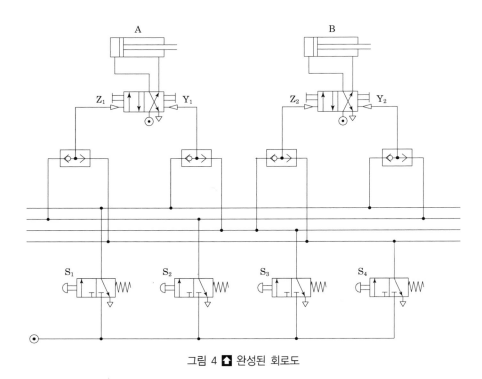

그림 4 ⬆ 완성된 회로도

⑤ 주어진 회로도에서 수평으로 그어진 4개의 배선은 이해를 돕기 위한 것이며, 설계된 배선은
배관용 T를 사용해서 연결해야 된다.

연습문제

2. 프레스
Exercise

교육목표

1. 정상상태 열림형 시간제어밸브의 사용 목적
2. 정상상태 닫힘형 시간제어밸브의 사용 목적
3. 초기상태에 눌려져 있는 리밋스위치 표현
4. 실린더의 전진조건

플라스틱 성형작업을 하는 공기압 프레스의 회로도를 설계하려고 한다. 다음의 조건을 사용하여 회로도를 작성하시오.

① 실린더는 누름버튼을 작동시킴으로써 전진한다.
② 새로운 작업에 들어가기 위해서는 실린더는 출발위치에 있어야 한다.
③ 누름 버튼을 계속 작동시키고 있어도 실린더는 후진되어야 된다.
④ 누름 버튼을 계속 작동시키고 있어도 후진이 완료되는 순간에 실린더는 다시 튀어 나가지 않아야 된다.
⑤ 가공물마다 성형작업에 요구되는 시간이 다르기 때문에 가공시간을 조절해 줄 수 있어야 한다.

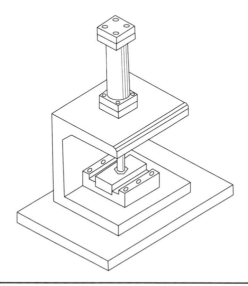

회로도 풀이 ─────────────────────────────

❶ 먼저 조건 ①, ②, ③을 만족하는 회로도를 작성한다.

(1) 조건 ①은 출발신호인 누름버튼 스위치이다. 조건 ②는 실린더가 후진을 완료하지 않았을 때에
 는 누름버튼 스위치를 눌러도 최종제어요소인 방향제어밸브의 z관로에 신호가 전달되지 않는
 것을 의미한다.

(2) 실린더와 리밋스위치를 설치한다. 전진에 관련된 누름버튼 스위치와 리밋스위치는 방향제어 밸
 브의 왼쪽에 그리고 후진에 관련된 리밋위치는 오른쪽에 그린다.

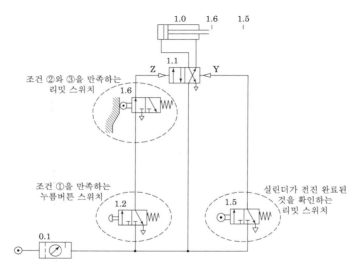

그림 1 ⬆ 조건 ①, ②, ③을 만족하는 회로도

(3) 실린더의 후진이 완료된 것을 확인하는 1.6 리밋스위치

 문제의 조건에서 주어진 것처럼 실린더가 후진을 완료한 다음, 누름버튼을 작동시켜 실린더
 를 전진시키기 위해서는 1.2 누름버튼과 1.6 리밋스위치가 직렬로 연결되어야 한다.

 이 때 1.6 리밋스위치는 초기상태에서 피스톤에 의해 눌려져 있기 때문에 1.2 누름버튼을 작동
 시키면 1.1 최종제어요소의 z 제어관로에 공기압이 전달된다. 따라서 최종제어요소인 방향제어밸
 브의 위치가 변환되어 실린더는 전진한다. 이러한 작동 조건을 AND 조건이라고 한다. AND 조
 건은 공기압을 이용한 자동화 회로에서 전진조건으로 안전을 고려한 매우 중요한 조건이다.

(4) 1.6 리밋스위치의 필요성

 실린더가 전진을 완료한 후 자동적으로 후진시키기 위하여 전진완료 확인용 리밋스위치 1.5
 를 전진완료 위치에 설치하였다. 리밋스위치 1.5가 피스톤에 의해 눌려지는 순간 압축공기가 1.1

최종제어요소인 방향제어밸브의 y관로에 신호를 전달하여 1.1 방향제어밸브의 위치가 주어진 그림처럼 변환되어 실린더가 후진되기 시작한다.

이 때 1.6 리밋스위치가 없다고 가정하고 1.2 누름버튼스위치를 계속 누르고 있으면 1.1 방향제어 밸브의 양쪽 제어관로에 압축공기가 다 작용되기 때문에 방향제어밸브는 방향변환이 안되어 실린더는 후진할 수 없다. 이러한 현상을 간섭현상이라 한다.

이 문제에서는 실린더 후진완료위치에 1.6 리밋스위치를 설치하였기 때문에 실린더가 전진하는 순간에 1.6 리밋스위치가 정상위치로 변환되어 방향제어밸브의 z관로로 전달되는 공기압력이 차단되어서 1.2 누름버튼스위치를 계속 누르고 있어도 실린더는 정상적으로 후진된다.

(5) 누름버튼 스위치를 계속 누르고 있을 때 일어나는 현상

이 회로도는 누름버튼 스위치를 한번만 누르고 손을 떼면 실린더는 전진하였다가 정상적으로 후진된다. 그러나 누름버튼스위치를 계속 누르고 있으면 후진을 완료하자마자 다시 튀어나간다. 누름버튼에서 손을 떼기 전에는 이러한 운동을 계속 한다. 따라서 이러한 동작을 방지하려면 다음에서 설명하는 방법으로 정상상태 열림형 시간지연 밸브를 설치해야 한다.

❷ 조건 ④를 만족하는 정상상태 열림형 시간지연밸브 사용 목적

1.6 리밋스위치와 1.2 누름 버튼 사이에 1.4 정상상태 열림형 시간지연 밸브를 설치하면 누름 버튼을 계속 누르고 있어도, 일정시간이 지나면 1.4 시간지연밸브에서 1.6 리밋스위치로 공급되는 압축공기를 차단한다.

따라서 실린더가 후진되어 1.6 리밋스위치가 그림처럼 눌려져 있더라도 실린더가 튀어 나가는 것을 방지해 줄 수 있다.

다시 실린더를 전진시키려면 1.2 누름버튼에서 손을 떼어 1.4 시간지연밸브의 공기탱크에 차 있는 압축공기가 제거된 후에 누름버튼을 눌러야 된다.

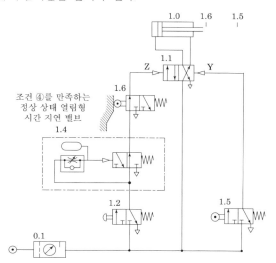

그림 2 ⬆ 조건 ④를 만족하는 정상상태 열림형 시간지연밸브가 설치된 회로도

③ 조건 ⑤를 만족하는 정상상태 닫힘형 시간지연밸브 사용 목적

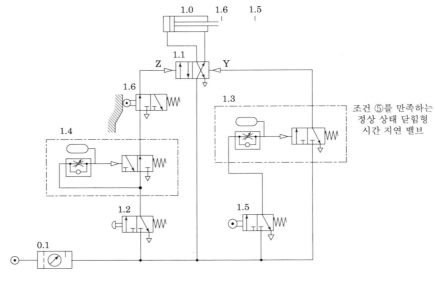

그림 3 ⬆ 완성된 회로도

실린더가 전진을 완료하고 설정된 시간이 지난 다음 후진되기 위하여 1.3 정상상태 닫힘형 시간지연밸브를 설치한다. 만일 1.3 시간지연밸브가 없다면 전진을 완료한 실린더는 바로 후진된다.

실린더가 전진하여 1.5 리밋스위치를 작동시켰을 때 출력되는 압축공기가 정상상태 닫힘형 시간지연밸브의 3/2-way 밸브 위치를 변환시켜야 압축공기가 최종제어요소의 후진 제어관로 y에 전달되어 실린더가 후진된다. 1.3 시간지연밸브의 공기탱크에 설정압력이 형성될 때까지의 걸리는 시간에 의해 압착하는 시간을 조절해 줄 수 있다.

3. 벤딩(1)
Exercise

교육목표

1. 2개 실린더의 순차제어
2. 운동순서도 및 제어선도
3. 간섭현상을 피하는 원리
4. 방향성 리밋스위치

금속판을 벤딩하는 기계를 만들려고 한다. 다음 조건을 사용하여 회로도를 작성하시오.

① A실린더가 1차 벤딩 작업을 완료하고 원래 위치로 되돌아오면, B실린더가 2차 벤딩 작업을 끝내고 원래 위치로 되돌아온다.

② 첫 작업을 시작하는 누름버튼을 계속 누르고 있어도 다음 작업에 영향이 없어야 된다.

③ 새로운 작업에 들어가기 위해서는 마지막 작업순서인 B실린더가 후진된 것을 확인해야 된다.

④ A 및 B실린더의 작업 확인은 리밋스위치로 한다.

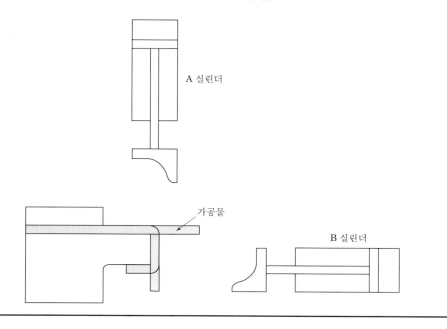

회로도 풀이

① 예제 8-1에서 사용한 방법으로 이 문제의 회로도를 작성해 보면 다음과 같다.

다음 회로도에서는 초기상태에서 2.2 리밋스위치가 A실린더에 의해 눌려져 있기 때문에 1.2 누름버튼스위치를 작동시키기 전에 B실린더는 이미 전진해 있다. 따라서 정상적인 운전이 불가능하다. 이러한 현상을 간섭현상이 발생되었다고 한다.

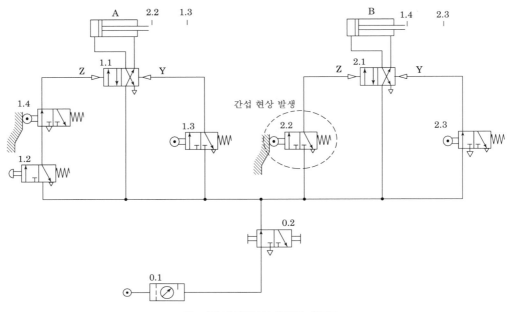

그림 1 🔼 간섭현상이 발생된 회로도

② 간섭현상 발생원인

경험에 의하면 어떤 실린더의 운동이 연속해서 이루어질 때 간섭현상이 발생된다는 것을 알게 되었다. 이 문제의 실린더 동작순서는 A+, A−, B+, B− 이다. A 및 B 실린더 동작이 모두 연속해서 이루어진다는 것을 확인할 수 있다. 따라서 이러한 경우 운동순서도 및 제어선도 작성을 작성하여 확인해야 된다.

③ 운동순서도 및 제어선도 작성

운동순서도와 제어선도를 작성하는 방법에 대하여는 예제 8-1에서 자세히 설명하였다.

(1) 정상상태 열림형 시간지연 밸브 사용하여 간섭현상 제거

이 문제 풀이에 주어진 제어선도를 보면 A실린더 전진 및 후진에 관련된 1.3과 1.4 리밋스위치에 의해서 출력되는 신호 중 빗금친 부분이 중첩되고 있기 때문에 간섭현상이 발생된다. 따라서 1.4 리밋스위치가 설치된 관로에 정상상태 열림형 시간지연 밸브(또는 공기압 타이머로 표현)를 설치하여 설정된 시간이 지나면 시간지연밸브의 유로를 닫히게 하여 1.4 리밋스위치에서 출력된 압축공기를 차단시켜 주어야 된다.

이 문제에서는 1.3 리밋스위치가 눌려지기 전에 정상상태 열림형 시간지연 밸브의 유로가 닫히도록 시간조절을 하여 간섭을 피하였다.

(2) 방향성 리밋스위치를 사용하여 간섭현상을 제거

B실린더의 전진 및 후진에 관련된 2.2와 2.3 리밋스위치에 의해서도 간섭현상이 발생되기 때문에 여기에서는 2.2 리밋스위치를 방향성 리밋스위치로 사용하여 간섭현상을 제거하였다.

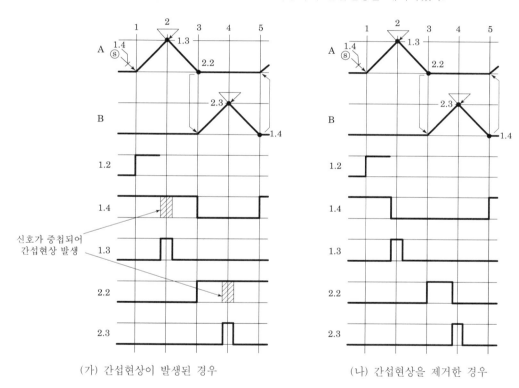

(가) 간섭현상이 발생된 경우   (나) 간섭현상을 제거한 경우

그림 2 ⬆ 운동순서도 및 제어선도

④ 간섭현상을 제거한 회로도

(1) 1.4 리밋스위치에서 간섭현상 제거

① 공기압 타이머 사용

㉠ 주어진 회로도에서 1.2 누름버튼스위치를 한번만 누르는 경우에는 아무런 문제가 없다. 그러나 A 실린더가 전진을 완료하는 시간까지 1.2 누름버튼 스위치를 누르고 있으면 1.3 과 1.4 리밋스위치를 통하여 1.1 방향제어 밸브의 z, y 제어관로에 신호가 전달된다. 따라서 방향제어밸브의 위치가 변환되지 않기 때문에 정상적인 운전이 불가능하다.

　이러한 현상은 1.4 리밋스위치는 B실린더에 의해 눌려 있기 때문에 A실린더 전진 및 후진운동과는 아무런 관계가 없기 때문이다. 따라서 1.2 누름버튼스위치가 정상적인 작동시간을 초과하여도 동작되는 경우가 발생될 수 있기 때문에 1.6 시간지연밸브를 설치하여 1.1 방향제어 밸브의 z 제어관로로 가는 신호를 차단해 주어야 된다.

㉡ 공기압 타이머는 정상상태 열림형 시간지연밸브를 사용한다.

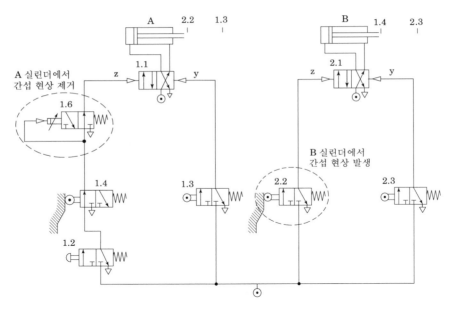

그림 3 ✿ 정상상태 열림형 시간지연 밸브가 설치된 회로도

② 공기압 타이머의 사용이 불가능한 곳

㉠ 공기압 타이머를 설치하였을 때 누름버튼 작동에 관계없이 타이머가 동작되는 곳이다. 예를 들어 그림 4에서 설명하는 회로도에서 2.2 방향성 리밋스위치 대신에 1.6 공기압 타이머를 설치하면 배선을 완료하고 공기압을 공급하는 순간 B실린더는 전진하게 된다. 따라서 정상적인 운전이 불가능하게 된다.

㉡ 논리조건

ⓒ 시간 조절을 할 수 있는 부분을 임의로 작동시켜 설정된 값을 변하게 할 수 있을 때

(2) 2.2 리밋스위치에서 간섭현상 제거

① 방향성 리밋스위치 사용

㉠ 그림 3에서 A실린더에 의해 초기상태에서 눌려져 있는 2.2 리밋스위치를 방향성 리밋스위치로 사용하였다. 방향성 리밋스위치는 실린더가 후진하는 순간에만 작동하고 후진을 완료하면 피스톤에 의해 눌려지지 않도록 만들어져 있어 그림과 같이 A실린더가 후진을 완료하여 2.2 리밋스위치가 눌려져 있는 상태에서도 신호가 출력되지 않는다.

㉡ 방향성 리밋스위치는 정상상태 닫힘형을 사용한다.

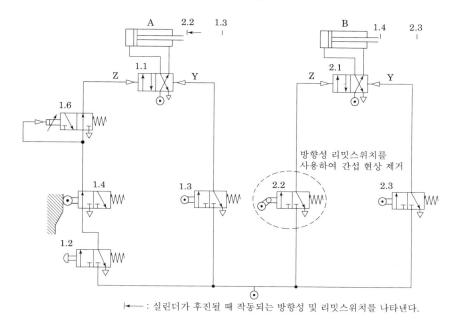

├── : 실린더가 후진될 때 작동되는 방향성 및 리밋스위치를 나타낸다.

그림 4 ⬧ 방향성 리밋스위치 사용 및 완성된 회로도

② 방향성 리밋스위치의 사용이 불가능한 곳은 다음과 같다.

㉠ 누름 버튼에서 출력된 압축공기가 방향성 리밋스위치를 통하여 실린더를 전진시켜야 되는 경우이다. 예를 들어 이 문제에서 1.4 리밋스위치 대신에 방향성 리밋스위치를 사용하면 누름 버튼을 작동시켜도 방향성 리밋스위치가 초기상태에서 눌려져 있지 않기 때문에 실린더는 전진되지 않는다.

㉡ 논리조건

㉢ 정확한 위치제어를 요구하는 곳

㉣ 실린더 속도가 너무 빠른 곳에 설치하면, 방향성 리밋스위치에서 신호를 감지하지 못할 수 있다.

4. 벤딩(2)

Exercise

교육목표

1. 캐스케이드
2. 그룹나누기
3. 그룹나누기에서 화살표의 의미

연습문제 3을 캐스케이드 방식으로 회로를 설계하시오.

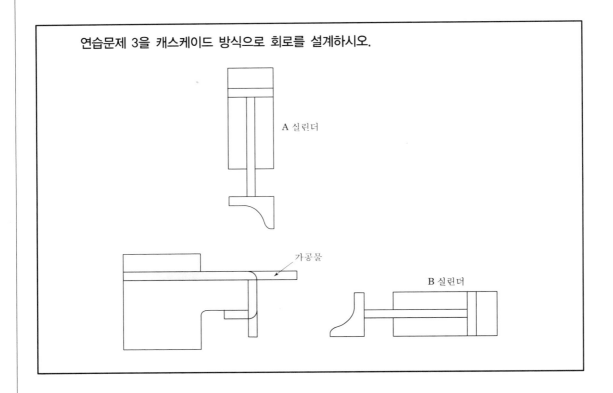

A 실린더

가공물

B 실린더

 회로도 풀이

 연습문제 3에서는 방향성 리밋스위치와 시간지연밸브를 사용해서 간섭현상을 해결하였다. 그러나 이러한 방법은 정확한 위치제어의 어려움 및 시간지연밸브의 오동작 등의 문제점이 발생될 수 있다. 따라서 여기에서는 캐스케이드 방법으로 회로를 제어하여 간섭문제를 해결하려고 한다.

1 그룹나누기를 한다. 배선은 그룹나누기에서 그려진 화살표를 따라 하면 된다.

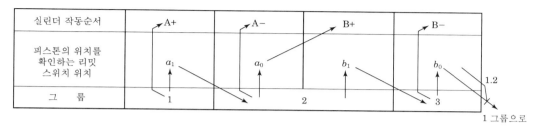

실린더 작동순서	A+	A−	B+	B−
피스톤의 위치를 확인하는 리밋 스위치 위치	a_1	a_0	b_1	b_0
그 룹	1	2		3

1.2
1 그룹으로

그림 1 ⬆ 완성된 그룹나누기

2 3개 그룹으로 나뉘므로 캐스케이드 밸브는 2개를 사용하여 그림처럼 캐스케이드 밸브를 배치한다.

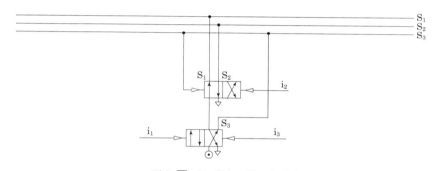

그림 2 ⬆ 캐스케이드 밸브의 배열

그림 9-4에서는 그룹배선을 1, 2 및 3그룹 배관으로 표시하였는데, 여기서부터는 s_1, s_2, s_3로 표시하겠다. 착오가 없기를 바란다.

3 실린더, 리밋스위치 및 방향제어밸브 설치

(1) A 및 B 실린더와 실린더 전진 및 후진 위치에 리밋스위치를 설치한다.

(2) 각 실린더에 방향제어밸브를 설치한다. 그리고 초기상태에서 실린더가 후진되도록 배선한다.

(3) 실린더를 전·후진시키는 제어신호 A+, A−, B+, B− 등을 각 밸브의 제어관로에 기입한다.

그림 3 ⬆ 실린더, 리밋스위치 및 방향제어밸브 설치

🔵 그룹나누기 표에 의해 배선을 시작한다.

(1) 각 그룹의 첫 번째 작업은 A+, A−, B− 이다. 각 그룹의 배선으로부터 화살표를 따라서 직접 배선을 한다.

실린더 작동순서	A+	A−	B+	B−
피스톤의 위치를 확인하는 리밋 스위치 위치	a_1	a_0	b_1	b_0
그 룹	1	2		3

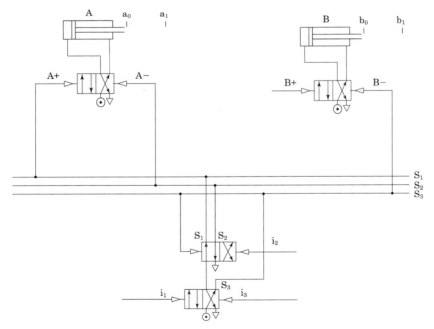

그림 4 ⬆ 각 그룹의 첫 번째 작업만 표시한 그룹나누기와 배선

(2) 그룹에 두 번째 작업이 있는 경우

이 문제에서는 2그룹에서 두 번째 작업인 B+가 있다. 두 번째 작업인 B 실린더의 전진은 2 그룹 배선에서 압축공기를 받아 a_0 리밋스위치를 거쳐 이루어진다. 이렇게 되도록 화살표를 따라 배선을 하면 된다.

실린더 작동순서	A+	A−	↗ B+	B−
피스톤의 위치를 확인하는 리밋 스위치 위치	a_1	a_0 ↑	b_1	b_0
그 룹	1	2		3

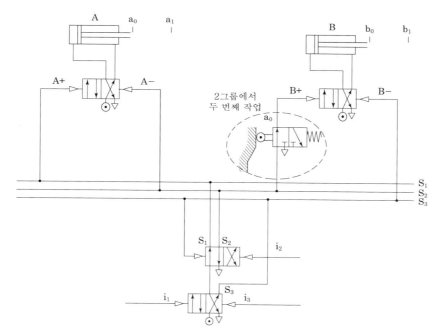

그림 5 ⬆ 그룹에서 두 번째 작업만 표시한 그룹나누기와 배선

(3) 그룹의 전환 배선

① 1그룹에서 2그룹으로 전환되려면 1그룹 배선에서 압축공기를 받아 a_1 리밋스위치를 거쳐 2 그룹으로 전환된다.

2그룹에서 3그룹으로 전환되려면 2그룹 배선에서 압축공기를 받아 b_1 리밋스위치를 거쳐 3그룹으로 전환된다.

마지막으로 3그룹에서 1그룹으로 전환되려면 3그룹 배선에서 압축공기를 받아 b_0 리밋스 위치를 거쳐 1그룹으로 전환된다. 이 때 누름버튼 스위치 1.2가 눌려져야 새로운 작업에 들어 갈 수 있다. 앞에서와 마찬가지로 화살표를 따라 배선하면 된다.

실린더 작동순서	A+	A−	B+	B−
피스톤의 위치를 확인하는 리밋 스위치 위치	a_1	a_0	b_1	b_0 1.2
그 룹	1	2	3	1그룹으로

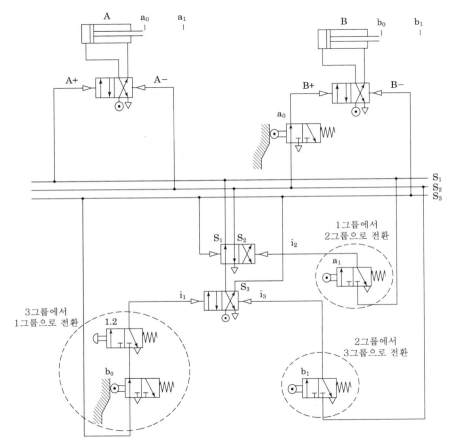

그림 6 ⬒ 그룹의 전환배선과 그룹나누기 및 완성된 회로도

② 위에서 설명한 각각의 경우를 조합하여 완성된 회로도를 작성할 수 있었다. 그룹나누기 표에 그려진 화살표의 의미와 그 화살표를 회로도로 표현하는 법을 배우기 위해 단계별로 그룹나누기 표와 회로도를 동시에 표현하였다.

5. 리벳 가공

• 2개 그룹으로 나뉘어진 캐스케이드 방법

두 개의 가공물을 프레스에서 리벳으로 연결하고자 한다. 가공물과 리벳이 수동으로 놓이면 실린더 A가 가공물을 고정하고 B 실린더에 의해서 리벳작업이 이루어진다. B 실린더가 리벳 작업을 마치고 원래위치로 되돌아오면 A 실린더가 후진되고 가공물은 수동으로 제거된다.

① 신호입력은 누름버튼 스위치를 사용한다.
② 캐스케이드방식으로 회로를 설계하시오.

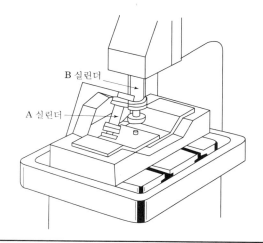

B 실린더

A 실린더

 회로도 풀이

① **실린더의 작동순서를 확인한다. 작동순서는 A+, B+, B−, A−이다.**

　B실린더의 전진 및 후진 운동이 연속적으로 이루어지기 때문에 간섭이 일어나는 것을 알 수 있다. 따라서 간섭문제를 해결하는 방법으로 설계하기 위해서 캐스케이드 방식을 사용하고자 한다.

② 그룹나누기를 한다. 배선은 그룹나누기에서 그려진 화살표를 따라하면 된다.

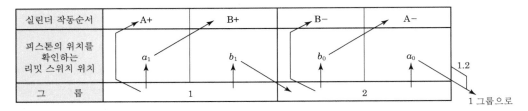

그림 1 ⬆ 완성된 그룹나누기

③ 2개 그룹으로 나뉘므로 캐스케이드 밸브는 1개 사용하여 그림처럼 캐스케이드 밸브를 배치한다.

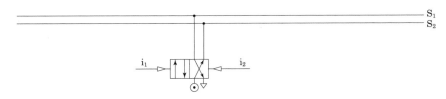

그림 2 ⬆ 캐스케이드 밸브의 배열

④ 실린더, 리밋스위치 및 방향제어밸브 설치

(1) A 및 B 실린더와 실린더 전진 및 후진 위치에 리밋스위치를 설치한다.

(2) 각 실린더에 방향제어밸브를 설치한다. 그리고 초기상태에서 실린더가 후진되도록 배선한다.

(3) 실린더를 전진 및 후진시키는 제어신호 A+, A−, B+, B− 등을 각 밸브의 제어관로에 기입한다.

그림 3 ⬆ 실린더, 리밋스위치 및 방향제어밸브 설치

5 그룹나누기 표에 의해 배선을 시작한다.

(1) 각 그룹의 첫 번째 작업은 각 그룹의 배선으로부터 직접 배선을 한다.

실린더 작동순서	A+	B+	B−	A−
피스톤의 위치를 확인하는 리밋 스위치 위치	a_1	b_1	b_0	a_0
그 룹	1		2	

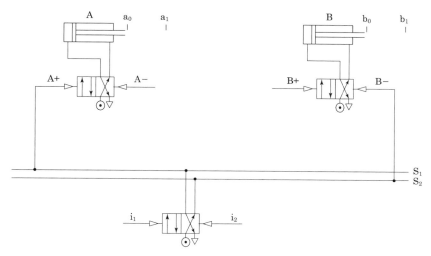

그림 4 ⬆ 각 그룹의 첫 번째 작업 그룹나누기와 배선

(2) 그룹에 두 번째 작업이 있는 경우

이 문제에서는 1과 2그룹에서 두 번째 작업이 있다. 1그룹의 두 번째 작업인 B 실린더의 전진은 1그룹 배선에서 압축공기를 받아 a_1 리밋스위치를 거쳐 이루어진다. 이렇게 되도록 배선을 하면 된다. 2그룹의 두 번째 작업인 A실린더의 후진은 2그룹 배선에서 압축공기를 받아 b_0 리밋스위치를 거쳐 이루어진다.

실린더 작동순서	A+	B+	B−	A−
피스톤의 위치를 확인하는 리밋 스위치 위치	a_1	b_1	b_0	a_0
그 룹	1		2	

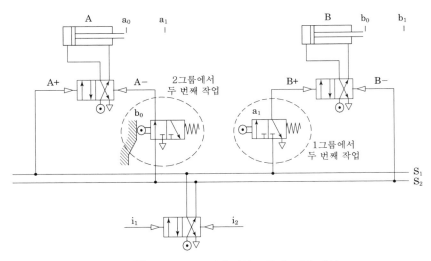

그림 5 ⬆ 그룹에서 두 번째 작업 그룹나누기와 배선

(3) 그룹의 전환 배선 및 완성된 회로도

1그룹에서 2그룹으로 전환되려면 1그룹 배선에서 압축공기를 받아 b_1 리밋스위치를 거쳐 2그룹으로 전환된다.

2그룹에서 다시 1그룹으로 전환되려면 2그룹배선에서 압축공기를 받아 a_0 리밋스위치를 거쳐 1그룹으로 전환된다. 이 때 누름버튼스위치 1.2가 눌려져야 새로운 작업에 들어 갈 수 있다.

실린더 작동순서	A+	B+	B−	A−
피스톤의 위치를 확인하는 리밋 스위치 위치	a_1	b_1	b_0	a_0
그 룹	1		2	

1.2

1 그룹으로

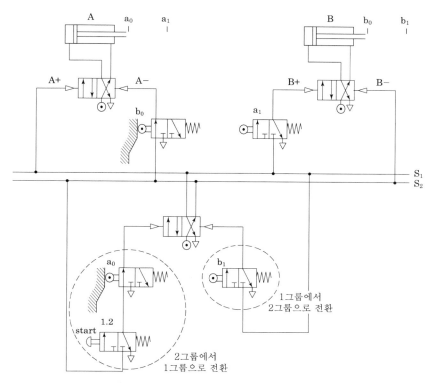

그림 6 ⬆ 그룹의 전환배선과 그룹나누기 및 완성된 회로도

6. 스탬핑

교육목표

(1) 비상의 정의 및 비상스위치
(2) 연속운전
(3) 가공횟수 결정하는 방법
(4) 가공물이 없는 경우에 작업을 중단하는 방법

주어진 그림처럼 공작물을 자동으로 공급받아 스탬핑 작업을 완료하는 회로를 다음 조건을 사용하여 캐스케이드 방식으로 설계하고자 한다.

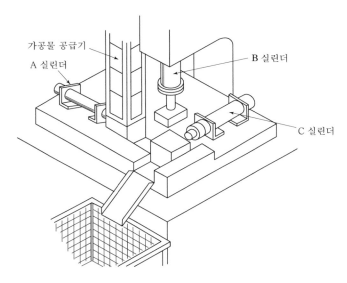

① A실린더가 중력에 의해 가공물이 공급되는 장치로부터 공작물을 공급받아 이송시켜 클램핑을 하고 있으면 B실린더는 스탬핑 작업을 한다. 그리고 B실린더가 스탬핑 작업을 마치고 되돌아가면 A실린더는 원래 위치로 되돌아오게 되고, C실린더가 전진하여 가공물을 밀어내고 후진한다.

② 작업 중 비상상태가 발생되었을 때 비상스위치를 작동시키면 모든 실린더는 작동 상태에 관계없이 후진해야 된다.

③ 가공물을 공급해 주는 공급기에 가공물이 없는 경우에는 작업이 중단되어야 된다.

④ 연속 및 단속운전이 가능해야 한다.

⑤ 가공 횟수를 결정할 수 있는 카운터를 설치해야 한다.

(1) 첫 번째 회로도는 조건 ①을 만족하는 회로를 작성하시오.

(2) 두 번째 회로도는 조건 ① 및 ②를 만족하는 회로를 작성하시오.

(3) 세 번째 회로도는 조건 ①, ③ 및 ④를 만족하는 회로를 작성하시오.

(4) 네 번째 회로도는 조건 ① 및 ⑤를 만족하는 회로를 작성하시오.

 회로도 풀이

① 조건 ①을 만족하는 회로도

(1) 실린더의 작동순서를 확인한다. 작동 순서는 A+, B+, B−, A−, C+, C− 이다. 이 문제에서도 B 와 C 실린더의 전진 및 후진 운동이 연속적으로 이루어지기 때문에 간섭이 일어나는 것을 알 수 있다. 따라서 간섭문제를 해결하는 방법으로 설계하기 위해서 캐스케이드 방식을 사용하고자 한다.

(2) 그룹나누기를 한다. 배선은 그룹나누기에서 그려진 화살표를 따라하면 된다.

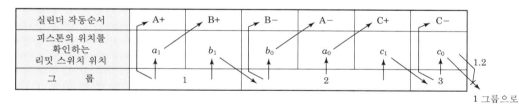

실린더 작동순서	A+	B+	B−	A−	C+	C−
피스톤의 위치를 확인하는 리밋 스위치 위치	a_1	b_1	b_0	a_0	c_1	c_0
그 룹		1		2		3

1.2

1 그룹으로

그림 1 ⬆ 완성된 그룹나누기

(3) 캐스케이드 밸브, 실린더, 리밋스위치 및 방향제어밸브 설치

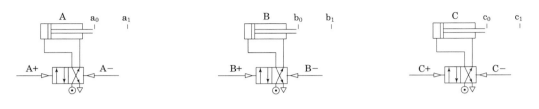

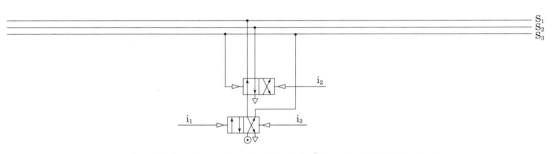

그림 2 ⬆ 캐스케이드 밸브, 실린더, 리밋스위치 및 방향제어밸브 설치

① 3개 그룹으로 나뉘므로 캐스케이드 밸브는 2개를 사용하여 그림처럼 캐스케이드 밸브를 배
치한다.

② A , B 및 C 실린더와 실린더 전진 및 후진위치에 리밋스위치를 설치한다.

③ 각 실린더에 방향제어밸브를 설치한다. 그리고 초기상태에서 실린더가 후진되도록 배선을
한다.

④ 실린더를 전진 및 후진시키는 제어신호 A+, A−, B+, B−, C+, C− 등을 각 밸브의 제어
관로에 기입한다.

(4) 그룹나누기 표에 의해 배선을 시작한다.

① 각 그룹의 첫 번째 작업은 각 그룹의 배선으로부터 직접 배선을 한다.

실린더 작동순서	A+	B+	B−	A−	C+	C−
피스톤의 위치를 확인하는 리밋 스위치 위치	a_1	b_1	b_0	a_0	c_1	c_0
그 룹	1		2			3

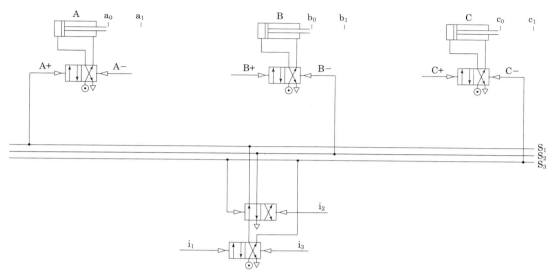

그림 3 ⬆ 각 그룹의 첫 번째 작업 그룹나누기와 배선

② 그룹에서 두 번째 및 세 번째 작업이 있는 경우

　　　이 문제에서는 1그룹에서는 두 번째 작업이 있고, 2그룹에서는 두 번째와 세 번째 작업이 있다.

　㉠ 1그룹의 두 번째 작업인 B실린더의 전진은 1그룹 배선에서 압축공기를 받아 a_1 리밋스위치를 거쳐 이루어진다.

　㉡ 2그룹의 두 번째 작업인 A실린더의 후진은 2그룹 배선에서 압축공기를 받아 b_0 리밋스위치를 거쳐 이루어진다.

　㉢ 2그룹의 세 번째 작업인 C실린더의 전진은 2그룹 배선에서 압축공기를 받아 a_0 리밋스위치를 거쳐 이루어진다.

실린더 작동순서	A+	B+	B−	A−	C+	C−
피스톤의 위치를 확인하는 리밋 스위치 위치	a_1	b_1	b_0	a_0	c_1	c_0
그　룹	1		2		3	

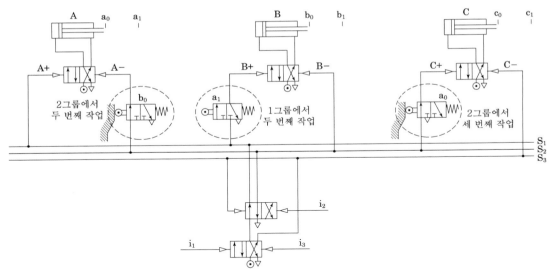

그림 4 ◆ 그룹에서 두 번째 및 세 번째 작업 그룹나누기와 배선

③ 그룹의 전환 배선 및 완성된 회로도
  ㉠ 1그룹에서 2그룹으로 전환되려면 1그룹 배선에서 압축공기를 받아 b_1 리밋스위치를 거쳐 2그룹으로 전환된다.
  ㉡ 2그룹에서 다시 3그룹으로 전환되려면 2그룹 배선에서 압축공기를 받아 c_1 리밋스위치를 거쳐 3그룹으로 전환된다.
  ㉢ 3그룹에서 다음 작업인 1그룹으로 전환되기 위해서는 3그룹 배선에서 압축공기를 받아 c_0 리밋스위치를 거쳐 1그룹으로 전환된다. 이 때 누름버튼스위치 1.2가 눌려져야 새로운 작업에 들어갈 수 있다.

실린더 작동순서	A+	B+	B-	A-	C+	C-
피스톤의 위치를 확인하는 리밋 스위치 위치	a_1	b_1	b_0	a_0	c_1	c_0 1.2
그 룹	1			2		3

1 그룹으로

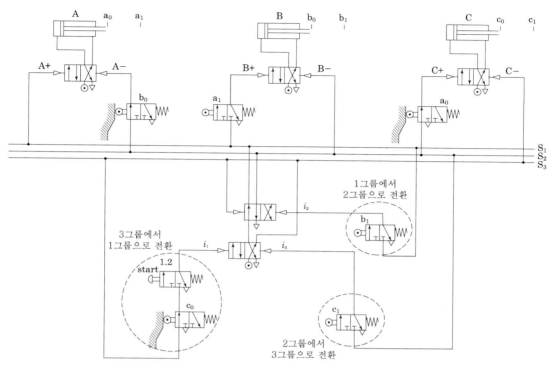

그림 5 ▲ 그룹의 전환 그룹나누기와 배선 및 완성된 회로도

(5) 캐스케이드 회로에서 발생될 수 있는 오동작의 문제점

이 회로도에서는 1.2시동 스위치를 누르지 않은 초기상태에서는 3그룹 배선에만 압축공기가 공급되고 있기 때문에 어느 리밋스위치에 이상이 생겨도 실린더가 오동작이 되지 않는다.

그러나 시동스위치를 작동시켜 1그룹 배선에 압축공기가 공급되어 첫 번째 작업인 A실린더가 전진하고 있는 도중에 어떤 잘못으로 인하여 a_1리밋스위치가 눌려진다면 A실린더의 전진완료 여부와는 관계없이 B실린더가 전진되는 문제가 발생되는 단점이 발견된다.

이러한 문제를 해결하려면 모든 실린더의 운동 상태에 따라 각각의 그룹으로 나누어야 된다. 따라서 이 문제에서는 3개 그룹이 아니라 6개 그룹으로 나뉘어진다. 이렇게 하는 방법을 쉬프트 레지스터(shift register)라 한다.

이 책에서는 쉬프트 레지스터 방법에 대해서는 설명하지 않는다. 이러한 방법을 전기공압에서는 스테퍼(stepper) 방식이라고 하는데, "혼자서도 할 수 있는 전기공압제어"에서 자세히 설명하였으니 참고하기 바란다.

② 조건 ②인 비상스위치 조건을 만족하는 회로도

(1) 비상스위치 작동

① 비상스위치의 정의 : 비상 스위치가 눌려졌을 때 운동 중에 있던 모든 실린더는 운동을 멈추고 후진되어야 된다. 그리고 비상상태가 해제되었을 때, 시작버튼인 누름버튼을 누르면 주어진 운동을 처음부터 다시 시작할 수 있는 상태가 되어야 된다. 또한 비상스위치는 작동되었을 때 그 상태를 계속 유지할 수 있는 유지형 스위치를 사용해야 된다.

② 초기상태로 되돌아가는 셔틀밸브 : 비상스위치를 설치하여 작동시켰을 때 A, B 및 C실린더 그리고 0.1 캐스케이드 밸브가 초기상태로 되돌아갈 수 있도록 셔틀밸브를 이용하여 배선을 하였다. 그리고 비상이 해제된 후 초기상태에서 1그룹배관에 압축공기가 공급되는 것을 확실히 하기 위하여 0.2 캐스케이드 밸브의 z관로에도 셔틀밸브를 설치하였다.

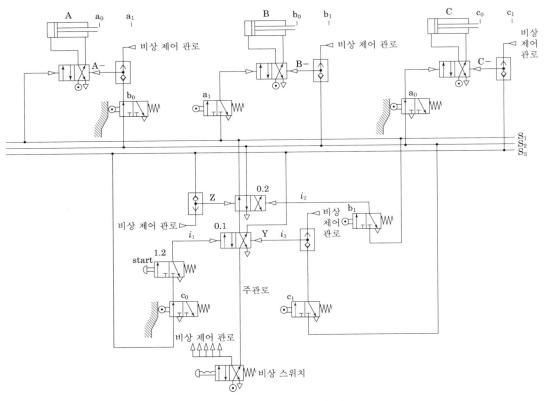

그림 6 🔼 비상스위치가 장착된 회로도

③ 간섭현상 발생 차단 : 비상스위치를 누르면 1, 2 및 3그룹 배선으로 공급되던 주 관로의 공기압은 차단되고 비상제어 관로를 통하여 3개의 실린더와 2개의 캐스케이드 밸브에 연결된 셔틀밸브로 연결이 된다. 이 때 1, 2 및 3그룹 배선으로 공급되던 주 관로의 공기압이 차단되었

기 때문에 4개의 셔틀밸브의 양쪽 관로에서의 간섭현상은 발생되지 않는다.

④ 3개의 실린더 후진 : A, B 및 C실린더는 비상시에 무조건 후진되어야 된다. 따라서 주어진 회로도처럼 셔틀밸브를 설치하여 비상스위치에 연결하면 비상스위치가 작동되었을 때 셔틀밸브를 통하여 A−, B− 및 C− 제어관로에 공기압이 전달되어 실린더에 연결된 3개의 방향제어 밸브는 주어진 그림처럼 실린더가 후진할 수 있는 위치로 변환된다. 그러면 방향 제어밸브를 통해 압축 공기가 공급되고 세 개의 실린더는 동시에 후진된다.

⑤ 그룹배선의 초기화 : 비상스위치가 작동되었다가 해제되면 캐스케이드 밸브의 배열은 다시 1그룹의 첫작업인 A실린더의 전진운동부터 시작될 수 있도록 배선이 연결되어야 된다. 따라서 주어진 회로도처럼 회로를 설계하면 비상스위치를 작동시켰을 때 압축공기가 0.1 캐스케이드 밸브의 y제어관로에 작용되어 회로가 초기 상태인 3그룹 배선으로 연결된다.

(2) 비상스위치 해제

비상스위치를 해제하면 3그룹 배선에 압축공기가 전달된다. 그러면 c_0 리밋스위치를 통하여 1.2 누름버튼 스위치까지 압축공기압이 전달된다. 동시에 3그룹 배선을 통하여 0.2 캐스케이드 밸브의 z 제어관로에 압축공기가 전달되어 회로가 1그룹 배선으로 연결되도록 밸브의 위치가 주어진 회로도의 위치로 변환된다.

따라서 1.2 누름버튼 스위치를 누르면 1그룹 첫 작업인 A실린더의 전진운동부터 정상적으로 시작된다.

❸ 조건 ③과 ④인 가공물의 유·무 확인 및 연속운전을 만족하는 회로도

① 가공물의 유·무 확인 리밋스위치 : 중력에 의해 가공물이 공급되는 A실린더에 가공물이 공급이 안 되면 바닥에 설치된 가공물 확인 리밋스위치가 작동되지 않고 정상상태로 유지되기 때문에 누름버튼을 작동시켜도 0.1 캐스케이드 밸브의 제어관로에 압력신호를 전달해 줄 수 없어 실린더는 전진되지 않는다.

② 단속운전 : 회로도에서 1.2 누름버튼을 한번 작동시키면 한 사이클의 작업이 이루어진다.

③ 연속운전 : 1.4 연속운전 스위치를 누르면 계속해서 연속적인 작업이 이루어진다. 작업을 중지 시키고 싶으면 다시 연속운전 스위치를 반대방향으로 작동시켜 1.6 셔틀 밸브로 공급되는 압력신호를 차단시켜야 된다.

④ 일반적으로 누름버튼스위치는 한번 누르면 작동되고, 누름버튼에서 손을 떼면 작동상태가 끊어지는 순간 작동형 스위치이다. 그러나 연속스위치는 한번 작동시켰을 때 손을 떼어도 작동상태를 계속 유지하고 있는 유지형 스위치이다. 연속스위치에서 작동상태를 해제하려면 스위치 종류에 따라 스위치를 다시 누르거나 반대방향으로 작동시켜야 된다.

⑤ 단속운전과 연속운전 중 선택해서 운전 상태를 결정해야 하기 때문에 OR논리에 사용되는 셔틀 밸브를 사용한다.

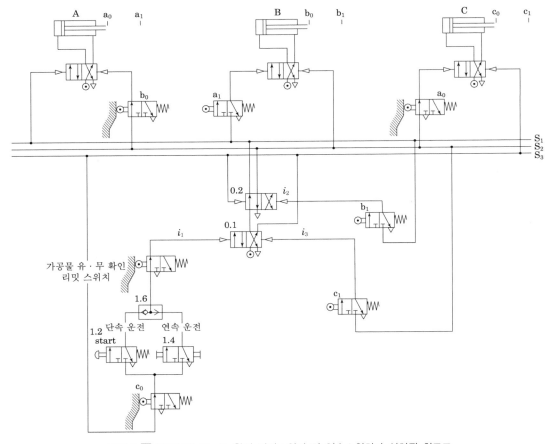

그림 7 ◘ 가공물의 유·무 확인 리밋스위치 및 연속스위치가 설치된 회로도

④ 조건 ⑤인 카운터가 설치된 회로도

(1) 가공횟수를 결정하는 실린더 결정방법

① 주어진 실린더의 동작순서는 A+, B+, B−, A−, C+, C−이다. A실린더가 전진하여 마지막 작업인 C실린더가 후진을 완료하면 한 사이클의 작업이 완료된다.

② 한 사이클의 작업이 이루어지는 동안 모든 실린더는 한 번의 전진과 후진을 하기 때문에 임의의 한 실린더의 전진 및 후진을 기준으로 한 사이클이 이루어진 것을 확인할 수도 있지만, 일반적으로 다음과 같은 문제가 발생되어 마지막 직전의 실린더 운동이 이루어진 것을 카운터에서 감지하도록 한다.

③ A 또는 B실린더의 전진 및 후진운동을 이용하여 카운터 작업을 확인한 경우에는 가공 중에 문제가 발생되어 시스템이 정지되었을 때, 가공물이 C실린더에 의해 배출되지 않았으나 이

미 카운터에는 작업이 이루어진 것으로 확인된다. 따라서 A 또는 B 실린더의 전진 및 후진 운동을 이용하여 카운터 확인 작업을 하는 것은 바람직한 방법이 아니다.

④ 이 문제에서 마지막 작업은 C실린더가 가공물을 배출하고 새로운 작업에 들어가기 위하여 후진하는 경우이다. 마지막 실린더가 후진을 완료하였을 때 카운터가 동작하여 설정된 숫자의 작업이 완료된 것이 확인하면, 확인된 순간 그 다음 작업인 A실린더의 전진이 이루어질 수 있다. 따라서 마지막 작업의 완료를 기준으로 하여 카운터 확인 작업을 하는 것도 바람직한 것이 아니다.

⑤ 따라서 마지막 직전의 작업인 C실린더가 전진하였을 때 출력되는 신호를 가지고 카운터 작업을 한다. 이렇게 하면 C실린더가 전진을 완료한 직후 시스템이 정지하더라도 이미 가공물이 배출되었고, 그 숫자를 카운터에서 확인하였기 때문에 아무런 문제가 없다. C실린더의 후진은 새로운 작업에 들어가기 위해 이루어지는 동작일 뿐이다.

(2) 카운터가 설치된 부분의 작동은 다음에 설명된 것을 읽어 보면 이해가 될 것이다.

① 카운터를 설치하기 위해 앞에서 설명한 그룹나누기를 다시 설명한다.

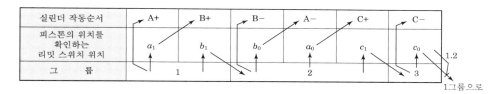

그룹나누기에 의하면 마지막 공정의 직전 작업인 C실린더가 전진하기 위해서는 2그룹에 제어신호가 살아 있어야 된다. 그리고 직전 작업인 A실린더가 후진되어 a_0 리밋스위치가 눌려져야 된다. 그러면 2그룹 배선에서 압축공기를 받아 a_0 리밋스위치를 거쳐 C실린더가 전진운동을 시작한다.

② C실린더가 전진운동을 완료하여 c_1리밋스위치가 눌려지면 가공횟수 1개가 올라가야 된다. 따라서 주어진 회로도에서처럼 2그룹 배선으로부터 압축공기를 받아 c_1리밋스위치를 거쳐 카운터의 x 제어관로에 연결된다. 그리고 그 다음 작업인 3그룹으로 전환되기 위하여 0.1 캐스케이드 밸브의 y 제어관로로 동시에 압력신호가 전달된다.

③ 3그룹으로 전환되면 C실린더는 후진되어 한 사이클의 운동이 마무리된다.

④ c_1리밋스위치가 한 번 눌릴 때마다 가공횟수가 올라가 설정값에 도달되면 카운터의 포트 P에서 A로 통로가 열려 압축공기가 흐르고, 이 압력신호가 차단밸브의 z제어 관로로 전달되어 1.2 누름버튼으로 공급되는 압력신호를 차단시킨다. 따라서 누름버튼을 작동시켜도 새로운 작업은 시작되지 않는다.

⑤ 새로운 작업을 시작하기 위해서 리셋(reset)스위치를 작동시켜 압축공기를 카운터의 y 제어 관로에 전달하면 카운터의 포트 P에서 A로 통하는 통로가 차단된다. 따라서 차단밸브로 전달되는 압력신호가 제거된다. 그러면 차단밸브가 정상상태에서 열려 있는 상태로 되돌아오기 때문에 누름버튼을 다시 누르면 새로운 작업이 시작된다. 이 회로는 단속운전 및 연속운전 모두에 사용할 수 있다.

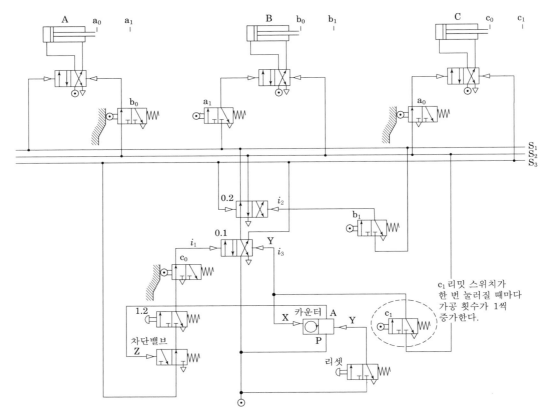

그림 8 ✿ 카운터가 설치된 회로도

7. 벤딩(3)
Exercise

교육목표

1. 단동실린더 사용했을 때 캐스케이드 회로
2. 시퀀스 밸브 사용

금속판을 벤딩 작업하려고 한다. 다음 조건을 사용하여 회로도를 작성하시오.

① 가공물이 단동 실린더 A에 의해서 클램핑된 상태에서 B실린더로 첫 벤딩작업을 완료하고, C실린더에 의해서 마무리 작업을 완료해야 한다.

② 작업은 수동 버튼에 의해서 시작된다. 시작신호가 주어지면 한 사이클의 작업만을 수행한다.

③ A실린더가 6 bar의 압력으로 가공물을 클램핑한 후 B실린더는 전진운동을 시작해야 한다.

④ 캐스케이드 방식으로 회로도를 작성한다.

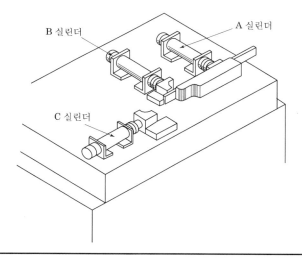

회로도 풀이

① 실린더의 작동순서를 확인한다.

작동순서는 A+, B+, B−, C+, C−, A− 이다. 이 문제에서도 B 와 C실린더의 전진 및 후진 운동이 연속적으로 이루어지기 때문에 간섭이 일어나는 것을 알 수 있다. 따라서 간섭문제를 해결하는 방법으로 캐스케이드 방식을 사용한다.

② 그룹나누기를 한다.

배선은 그룹나누기에서 그려진 화살표를 따라 하면 된다.

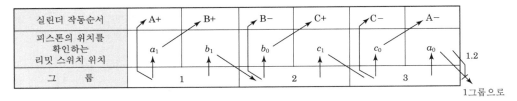

실린더 작동순서	A+	B+	B−	C+	C−	A−
피스톤의 위치를 확인하는 리밋 스위치 위치	a_1	b_1	b_0	c_1	c_0	a_0 1.2
그 룹	1		2		3	1그룹으로

그림 1 ⬆ 완성된 그룹나누기

③ 캐스케이드 밸브, 실린더, 리밋스위치 및 방향제어밸브 설치

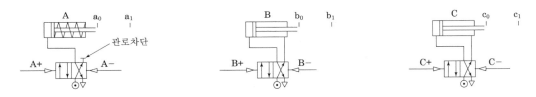

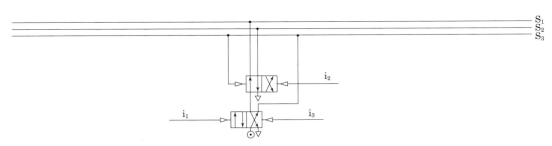

그림 2 ⬆ 캐스케이드 밸브, 실린더, 리밋스위치 및 방향제어밸브 설치

188

① 3개 그룹으로 나뉘므로 캐스케이드 밸브는 2개를 사용한다. 그리고 그림처럼 캐스케이드 밸브, 실린더, 리밋스위치 및 방향제어 밸브 등을 설치하고 각 실린더의 전진 및 후진 기호를 기입한다.

② A실린더는 문제에서 단동실린더로 주어졌다. 따라서 A실린더의 후진을 위한 방향제어 밸브의 압력 배선이 필요 없기 때문에 이 배선을 차단하였다. 그러면 A실린더는 공기압이 아닌 스프링의 힘으로 후진된다.

🕘 그룹나누기 표에 의해 배선을 시작한다.

(1) 앞에서 배운 문제와 똑 같은 방법으로 회로도를 작성하면 되기 때문에 여기에서는 나누어서 설명을 하지 않고 조건 ③을 제외한 회로도를 제시하였다.

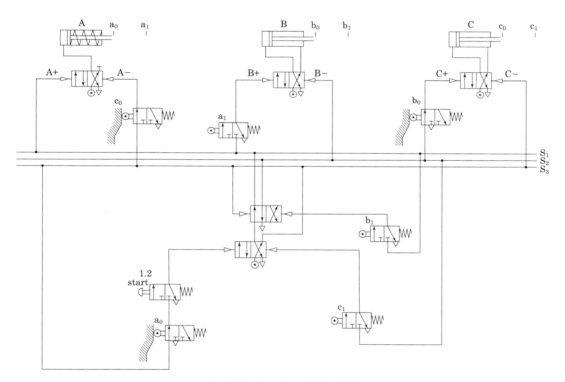

그림 3 🔼 조건 ③을 제외한 회로도

(2) A실린더가 6 bar의 압력으로 가공물을 클램핑을 완료한 후, B실린더는 전진운동을 시작해야 하는 것이 조건 ③이다.

A실린더가 전진을 완료하여 a_1 리밋스위치를 누르면 a_1 리밋스위치에서 압축공기가 나오게 된다.

　이 압축공기를 바로 B실린더를 전진시키는 방향제어밸브의 B+제어관로에 전달되지 않고 6 bar의 압력으로 설정된 시퀀스 밸브를 거쳐 전달되도록 하면 된다. 그러면 A실린더가 클램핑을 완료하여 실린더 내부의 압력이 6 bar가 되었을 때 시퀀스 밸브의 위치를 작동위치로 변환시켜 B+제어관로에 전달되어 B실린더가 전진하기 시작한다.

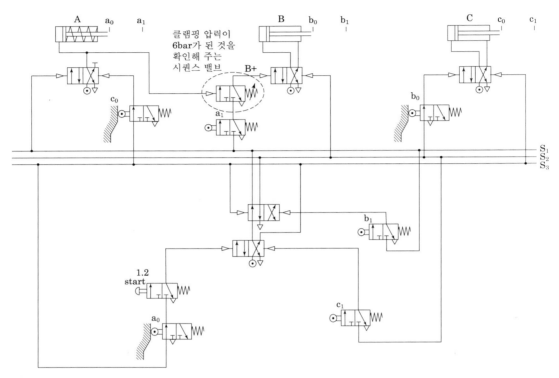

그림 4 🔼 6 bar의 압력으로 클램핑 작업을 완료한 것을 확인하는 회로도

　이 문제의 주어진 조건이 단동실린더 및 시퀀스 밸브를 사용하게 했지만, 캐스케이드 방식으로 회로도를 설계하는 데 있어서 아무런 문제가 되지 않는다.

8. 드릴 작업

교육목표

1. 새로운 그룹나누기
2. 한 사이클의 작업 중 임의의 실린더가 2번의 전진 및 후진을 하는 경우
3. 동일한 리밋스위치를 가지고 한 개의 실린더를 전·후진시키는 방법
4. 2개의 입력 신호를 셔틀밸브를 사용해서 방향 제어를 제어하는 방법

정육면체 한쪽 면에 똑같은 크기의 구멍 두 개를 뚫는 기계를 설계하려고 한다. 다음의 조건을 사용하여 회로도를 설계하시오

① 중력식 소재 공급기로부터 가공물이 공급되면 A실린더가 전진하여 가공물을 이동시켜 클램핑을 한다. 그러면 B실린더가 전진 및 후진을 완료하여 한 번의 드릴 작업이 완료한다. 그 다음 C실린더가 슬라이딩 테이블을 두 번째 작업위치로 전진시켜 두 번째 드릴 작업을 완료한다. 드릴 가공이 끝나고, C실린더가 후진을 완료한 다음 A실린더가 후진하면 가공물은 수동으로 제거된다.

② 작업의 시작은 누름버튼을 이용한다.

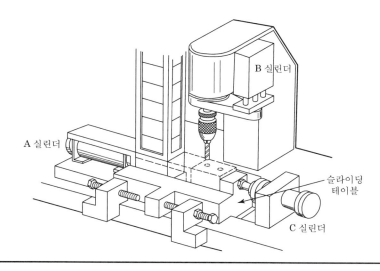

회로도 풀이

① 그룹나누기를 한다.

(1) 기존의 방식으로 작성하여 간섭현상이 발생된 그룹나누기

앞에서 배운 방식처럼 연속해서 전진 및 후진운동이 이루어지는 실린더의 사이를 그룹으로 나누면 다음과 같다.

실린더 작동순서	A+	B+	B−	C+	B+	B−	C−	A−
피스톤의 위치를 확인하는 리밋 스위치 위치	a_1	b_1	b_0	c_1	b_1	b_0	c_0	a_0
그 룹	1		2			3		

그림 1 ⬆ 간섭현상이 발생된 그룹나누기

이전까지의 연습문제에서는 그룹나누기를 할 때 한 그룹 내에 어떤 한 실린더의 운동이 두 개가 있는 경우는 없었다. 기존의 방법으로 그룹나누기를 하면 이 연습문제에서는 2그룹에서 B 실린더의 후진 및 전진이 같이 들어가 있기 때문에 여기서 다시 간섭현상이 발생된다.

(2) 간섭현상을 제거한 그룹나누기

따라서 2그룹의 B−와 B+가 한 그룹에서 만나지 않도록 다음과 같이 4개의 그룹으로 나누어 간섭현상을 피해야 한다.

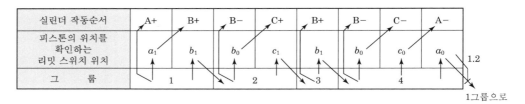

그림 2 ⬆ 간섭현상을 제거한 그룹나누기

② 캐스케이드 밸브, 실린더, 리밋스위치 및 방향제어밸브 설치

(1) A, B 및 C실린더와 실린더 전진 및 후진 위치에 리밋스위치를 설치한다.

(2) 각 실린더에 방향제어밸브를 설치한다. 그리고 초기상태에서 실린더가 후진되도록 배선한다.

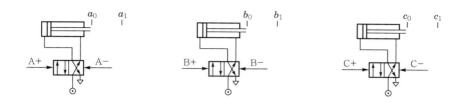

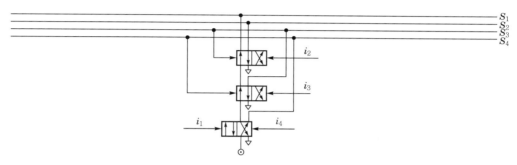

그림 3 ⬆ 캐스케이드 밸브, 실린더, 리밋스위치 및 방향제어밸브 설치

(3) 실린더를 전·후진시키는 제어신호 A+, A−, B+, B−, C+, C− 등을 각 밸브의 제어관로에
기입한다.

(4) 4개 그룹으로 나뉘므로 캐스케이드 밸브는 3개 사용하여 그림처럼 캐스케이드 밸브를 배치한다.

③ 그룹나누기 표에 의해 배선을 시작한다.

(1) 각 그룹의 첫 번째 작업만 배선을 한다.

실린더 작동순서	A+	B+	B−	C+	B+	B−	C−	A−
피스톤의 위치를 확인하는 리밋 스위치 위치	a_1	b_1	b_0	c_1	b_1	b_0	c_0	a_0
그 룹	1		2		3		4	

기존의 방식으로 배선을 하였더니 B실린더에서 새로운 형태의 배선 연결이 발생되었다. B실
린더의 후진운동은 2그룹과 4그룹에서 직접 압축공기를 받아 이루어진다. 따라서 2그룹과 4그
룹 배선을 셔틀밸브를 이용하여 B실린더가 후진되도록 배선을 한다.

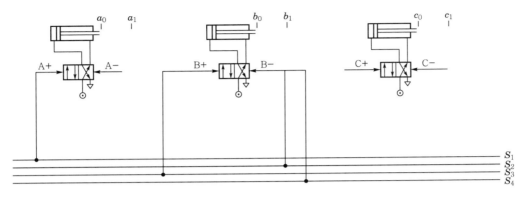

(가) B실린더 후진이 2개 그룹에서 이루어지는 경우

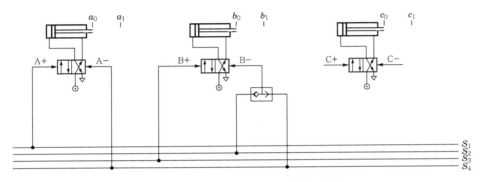

(나) 셔틀밸브를 사용해서 문제점을 해결

그림 4 ⬆ 각 그룹의 첫 번째 그룹 나누기와 배선

(2) 각 그룹의 두 번째 및 세 번째 작업의 그룹나누기와 배선

실린더 작동순서	A+	B+	B-	C+	B+	B-	C-	A-
피스톤의 위치를 확인하는 리밋 스위치 위치	a_1	b_1	b_0	c_1	b_1	b_0	c_0	a_0
그 룹	1		2		3		4	

① B실린더의 전진운동은 앞에서 설명한 3그룹에서 직접 압축공기를 받는 경우와 1그룹에서 a_1 리밋스위치를 거쳐 압축공기를 받을 때 이루어진다. 따라서 두 개의 경우를 셔틀밸브로 연결하여 주어진 조건이 충족될 때 B실린더가 전진하도록 하면 된다.

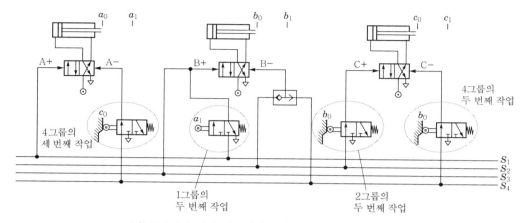

(가) B실린더 전진 및 C실린더 전·후진에서 문제점 발생

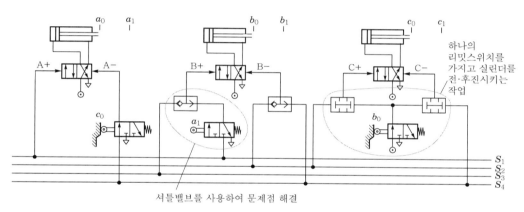

(나) 셔틀밸브 및 이압밸브를 사용하여 문제점 해결

그림 5 ⬆ 각 그룹의 두 번째 및 세 번째 그룹나누기 및 작업배선

② C실린더의 전진운동은 2그룹 배선에 압축공기가 공급되고 b_0 리밋스위치가 눌러졌을 때이다. 이 경우를 2그룹과 b_0 리밋스위치가 AND조건으로 연결되었다고 앞에서도 설명하였다. 그리고 C실린더의 후진운동은 4그룹 배선에 압축공기가 공급되고 b_0 리밋스위치가 눌러졌을 때이다.

　　여기에서 우리는 한 개 실린더의 전진 및 후진이 같은 리밋스위치를 사용하여 이루어지고 있음을 확인할 수 있다. 이러한 문제의 해결 방안을 다음의 회로도에 표현을 하였다.

　　그림 5의 (나)에 의하면 b_0 리밋스위치의 압축공기의 공급원을 다른 리밋스위치와는 다르게 독립적으로 설치하였다. 그리고 2그룹 배선에 압축공기가 공급되고 b_0 리밋스위치가 눌러지는 조건이 만족될 때 C실린더가 전진하도록 이압밸브를 설치하였다. 마찬가지로 C실린더의 후진운동은 4그룹에 압축공기가 공급되고 b_0 리밋스위치가 눌러질 때 이루어지도록 하면

된다.

b₀ 리밋스위치의 압력공급원을 독립적으로 설치하는 것이 이런 종류의 문제를 해결하는 방법이다. 잘 기억하길 바란다.

(2) 그룹의 전환 배선

실린더 작동순서	A+	B+	B−	C+	B+	B−	C−	A−
피스톤의 위치를 확인하는 리밋 스위치 위치	a_1	b_1	b_0	c_1	b_1	b_0	c_0	a_0
그 룹		1		2		3		4

1.2

1그룹으로

① 1그룹에서 2그룹으로 전환되려면 1그룹 배선에서 압축공기를 받아 b_1 리밋스위치를 거쳐 2 그룹으로 전환된다.
② 마찬가지로 2그룹 배선에서 압축공기를 받아 c_1 리밋스위치를 거쳐 3그룹으로 전환된다.
③ 그리고 3그룹 배선에서 압축공기를 받아 b_1 리밋스위치를 거쳐 4그룹으로 전환된다.
④ 마지막으로 4그룹에서 1그룹으로 전환되려면 4그룹 배선에서 압축공기를 받아 a_0 리밋스위치를 거쳐 1그룹으로 전환된다. 이 때 누름버튼스위치 1.2가 눌려져야 새로운 작업에 들어갈 수 있다.

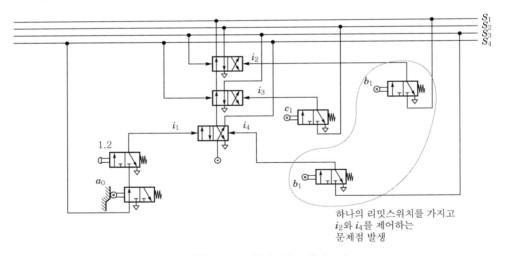

하나의 리밋스위치를 가지고
i_2와 i_4를 제어하는
문제점 발생

그림 6 ⬆ 그룹의 전환배선과 그룹나누기

⑤ 위에서 설명한 각각의 경우를 조합하여 회로도를 작성하였다. 1그룹에서 2그룹을 살리는 리밋스위치와 3그룹에서 4그룹을 살리는 리밋스위치가 b_1리밋스위치로 서로 같다는 것을 알수 있다. 즉, 하나의 리밋스위치를 사용하여 2그룹과 4그룹을 살리고 있다. 따라서, C실린더

의 전진 및 후진 때 사용했던 방식과 마찬가지로 2개의 이압밸브와 b_1 리밋스위치의 압력공급원을 독립적으로 사용하여 주어진 회로도처럼 설계하면 된다.

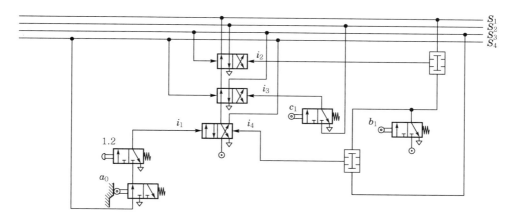

그림 7 ⬆ 이압밸브를 사용한 그룹의 전환배선

이상에서 설명한 회로도를 조합하여 완성된 회로도를 그림 8에 나타내었다.

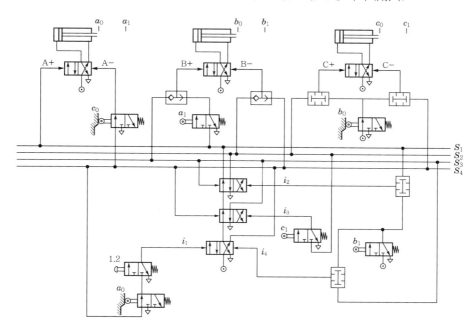

그림 8 ⬆ 완성된 회로도

9. 밀링 작업
Exercise

교육목표

• 4개의 실린더 제어

가공물 공급기로부터 공작물이 공급되면 A실린더가 전진하여 공작물을 이송시킨다. 그 다음 B실린더가 전진하여 클램핑을 한다. 그러면 A실린더는 후진을 완료하고 그 다음 C실린더가 전진한다. C실린더의 전진운동 중에 밀링커터가 공작물의 한쪽 면을 가공한다. C실린더가 전진을 완료하면 B실린더가 후진을 시작하고 그 다음 D실린더가 전진을 하여 공작물을 밀어내고 후진을 완료한다. 그 다음 C실린더가 후진을 완료하고 한 사이클의 작업이 완료된다.

다음의 조건을 사용하여 회로도를 작성하시오.

① 밀링커터의 동작에 대한 부분은 생략한다.
② 누름버튼을 사용하여 작업을 시작한다.
③ C실린더가 너무 빨리 전진하면 밀링에서 한쪽 면을 절삭할 때 문제가 발생되므로 전진
　운동 속도를 조절해야 된다. 따라서 미터아웃 방식으로 조절하고자 한다.

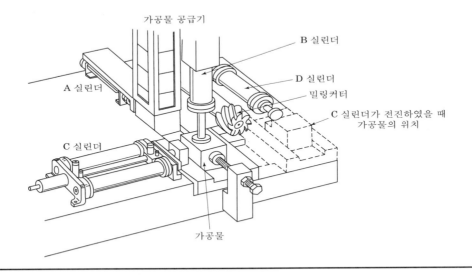

회로도 풀이

1 이 문제는 4개의 실린더가 주어졌을 때의 해결방법과 그룹나누기이다.

2 실린더의 작동순서를 확인한다.

　지금까지 설명한 연습문제보다 실린더가 1개 더 많다. 하지만 그룹나누기를 하는 데 있어서 실린더의 숫자는 아무런 문제가 되지 않는다.

　작동순서는 A+, B+, A−, C+, B−, D+, D−, C− 이다. 이 문제에서도 간섭을 피하기 위해 연습문제 9에서 사용한 그룹나누기를 해야 된다.

3 그룹나누기를 한다.

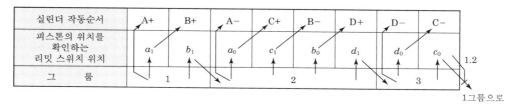

그림 1 ⬆ 완성된 그룹나누기

　이 문제의 그룹을 연속해서 전·후진이 이루어지는 D+와 D− 사이만 그룹으로 나누어 2개 그룹으로 생각을 하면 안 된다. 그 이유는 연습문제 8에서도 설명하였다.

4 캐스케이드 밸브, 실린더, 리밋스위치, 방향 및 유량제어밸브 설치

(1) A, B, C 및 D실린더와 실린더 전진 및 후진 위치에 리밋스위치를 설치한다.

(2) 각 실린더에 방향제어밸브를 설치한다. 그리고 초기상태에서 실린더가 후진되도록 배선을 한다.

(3) 실린더를 전진 및 후진시키는 제어신호 A+, A−, B+, B−, C+, C−, D+, D− 등을 각 밸브의 제어관로에 기입한다.

(4) 유량제어밸브를 C실린더의 출구 가까운 곳에 설치해야 된다. 유량제어 방법에 대하여는 5.4 피스톤 속도조절 방법에서 자세히 설명하였다.

(5) 3개 그룹이므로 2개의 캐스케이드 밸브를 사용한다.

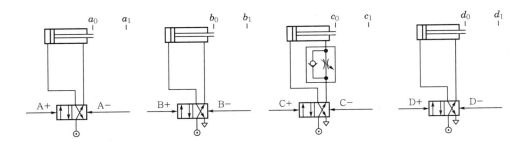

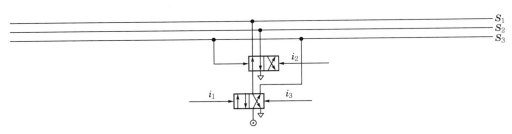

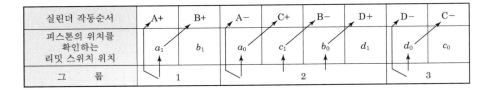

그림 2 ⬆ 캐스케이드 밸브, 실린더, 리밋스위치, 방향 및 유량제어밸브 설치

⑤ 그룹나누기 표에 의해 배선을 시작한다.

(1) 실린더의 전진 및 후진운동에 관련된 부분

이 연습문제에서는 실린더의 전진 및 후진에 관련된 운동을 한 번에 표시하고자 한다.

실린더 작동순서	A+	B+	A−	C+	B−	D+	D−	C−
피스톤의 위치를 확인하는 리밋 스위치 위치	a_1	b_1	a_0	c_1	b_0	d_1	d_0	c_0
그 룹	1		2				3	

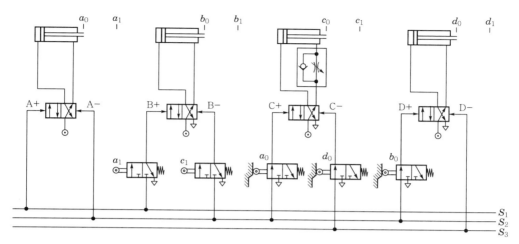

그림 3 ⬆ 실린더의 전진 및 후진운동에 관련된 그룹나누기 및 배선

(2) 그룹전환 배선 및 완성된 회로도

똑같은 방법으로 그룹전환 배선을 한다.

실린더 작동순서	A+	B+	A−	C+	B−	D+	D−	C−	
피스톤의 위치를 확인하는 리밋 스위치 위치	a_1	b_1	a_0	c_1	b_0	d_1	d_0	c_0	1.2
그 룹		1			2			3	

1그룹으로

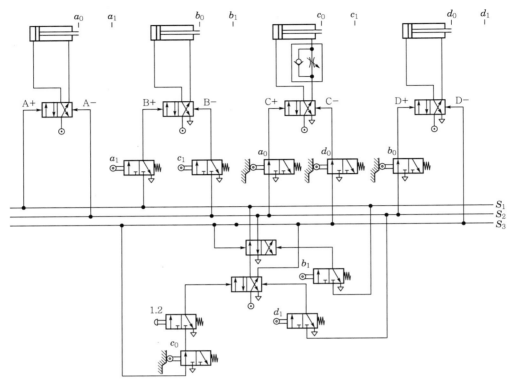

그림 4 ⬆ 그룹전환 그룹나누기, 배선 및 완성된 회로도

10. 이송장치
Exercise

교육목표

1. 초기상태에서 실린더가 전진해 있는 경우
2. 일반적인 시퀀스 회로도 표현과 캐스케이드 방식에 의한 회로도

얇은 띠 철편에 구멍을 뚫기 위하여 드럼에서 철편을 이송시키는 장치를 만들고자 한다.
다음의 조건을 사용하여 회로도를 설계하시오.

① A실린더가 후진하여 클램프에 공급된 철편을 클램핑한다. 그러면 B실린더가 후진을 하
  여 철편을 행정거리 만큼 뒤로 이송시킨다.
② 철편에 드릴링 머신이 구멍 가공을 완료하고 초기상태로 되돌아가면 A실린더가 전진하
  여 클램핑을 해제한다. 그러면 B실린더가 전진을 완료한다.
③ 누름버튼을 사용하여 작업을 시작한다.
④ A 및 B실린더가 너무 빨리 후진하면 문제가 발생될 수 있기 때문에 후진운동 속도를 조
  절해야 된다.
⑤ 드릴 작업에 대한 부분은 생략한다.

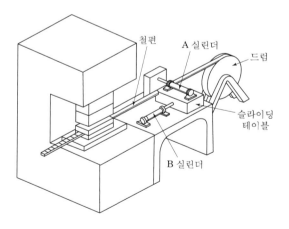

회로도 풀이

❶ 예제 8.1 방법에 의한 풀이

(1) 이전의 연습문제에서는 실린더가 후진되었을 때가 초기 상태로 되어 있었다. 그러나 이 연습문제에서는 2개의 실린더가 초기상태에서 전진되어 있는 경우이다. 따라서 공기압 실린더 및 방향제어 밸브를 배치할 때 주의해야 된다.

(2) 실린더의 작동순서를 확인한다.

작동순서는 A-, B-, A+, B+이다. 이 문제는 간섭현상이 발생되지 않는 예제 8.1의 방식을 사용해서 회로도를 작성해도 된다. 지금까지는 초기상태에서 실린더가 후진된 경우만 하였기 때문에 이 문제는 느낌이 어색할 것이다. 그러나 실린더의 전진 및 후진 조건을 따져나간다면 쉽게 회로도를 작성할 수 있다.

(3) 예제 8.1 방식에 의한 회로도 작성

① 실린더, 방향제어 밸브 및 리밋스위치 번호 기입

㉠ 초기상태에서 실린더가 전진을 완료해 있어야 되기 때문에 방향제어 밸브의 위치를 주어진 회로도처럼 반대로 설치한다.

㉡ A실린더가 후진이 완료되면 그 다음 작업은 B실린더의 후진이기 때문에 A실린더 후진 위치에 2.3 리밋스위치를 설치한다. 그러면 2.3 리밋스위치가 눌려지는 순간 B실린더가 후진하기 시작한다.

㉢ B실린더가 후진을 완료하면 다음 작업은 A실린더의 전진이다. 따라서 B실린더의 후진완료 위치에 1.4 리밋스위치를 설치하면 B실린더에 의해 1.4 리밋스위치가 눌려지는 순간 A실린더는 전진하기 시작한다.

㉣ A실린더가 전진을 완료하면 그 다음 작업은 B실린더의 전진이다. 따라서 A실린더의 전진완료 위치에 2.2 리밋스위치를 설치하면 A실린더에 의해 2.2 리밋스위치가 눌려지는 순간 B실린더는 전진하기 시작한다.

㉤ B실린더가 전진을 완료하면 그 다음 작업은 A실린더의 후진이다. 따라서 B실린더의 전진완료 위치에 1.3 리밋스위치를 설치하면 B실린더에 의해 1.3 리밋스위치가 눌려지는 순간 A실린더는 후진하기 시작한다.

이상과 같은 과정을 거쳐 실린더 전진 및 후진 위치에 리밋스위치 번호를 기입한다. 착오가 없기를 바란다.

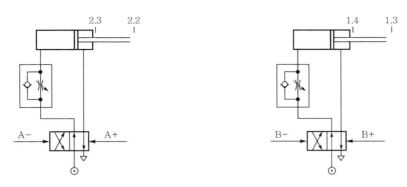

그림 1 ⬆ 실린더, 방향제어 밸브 및 리밋스위치 번호 기입

② 회로도 작성

　　예제 8.1에서와 마찬가지로 실린더를 전진시키는 제어관로에는 짝수 번호를 갖는 리밋스 위치를 설치하고, 후진시키는 제어관로에는 홀수 번호를 갖는 리밋스위치를 설치한다. 다만 누름버튼을 눌렀을 때 A실린더가 후진해야 되는 조건이므로 1.2 누름버튼 스위치는 A실린 더를 후진시키는 제어관로에 설치한다.

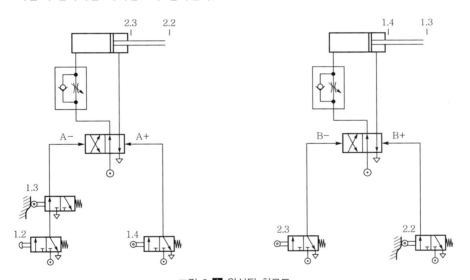

그림 2 ⬆ 완성된 회로도

　　이상에서 사용된 방법은 리밋스위치 번호를 실린더의 전진 및 후진조건을 따져서 해야 되 기 때문에 불편하다. 따라서 이 문제를 캐스케이드 방식으로 설계하고자 한다.

❷ 캐스케이드 방식에 의한 풀이

(1) 그룹나누기를 한다.

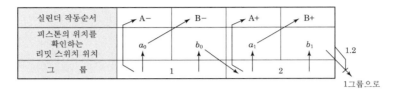

그림 3 ⬆ 완성된 그룹나누기

이 문제에서는 B− 과 A+ 사이를 그룹으로 나누었다. 그렇게 하면 각 그룹에 A 또는 B실린더의 동작이 하나씩 밖에 들어가지 않아 간섭현상이 발생되지 않는다. 그러나 이것을 1개 그룹으로 생각을 하여 문제를 풀면 간섭현상이 발생된다.

(2) 캐스케이드 밸브, 실린더, 리밋스위치, 방향 및 유량제어밸브 설치

① A 및 B실린더와 실린더 전진 및 후진 위치에 리밋스위치를 설치한다.
② 각 실린더에 방향제어밸브를 설치한다. 그리고 초기상태에서 실린더가 전진되도록 배선한다.
③ 실린더를 전진 및 후진시키는 제어신호 A+, A−, B+, B− 등을 각 밸브의 제어관로에 기입한다.

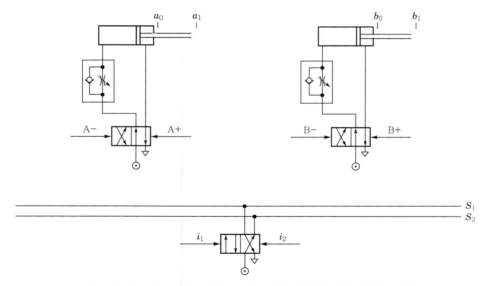

그림 4 ⬆ 캐스케이드 밸브, 실린더, 리밋스위치, 방향 및 유량제어밸브 설치

④ 유량제어밸브를 A 및 B실린더의 후진되는 출구 가까운 곳에 설치해야 된다.

⑤ 2개 그룹이므로 1개의 캐스케이드 밸브를 사용한다.

(3) 그룹나누기표에 의해 배선을 시작한다.

이 연습문제에서는 풀이가 간단하기 때문에 구분하여 회로도를 설계하지 않고 한번에 완성된 회로도를 표시하였다.

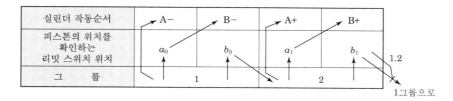

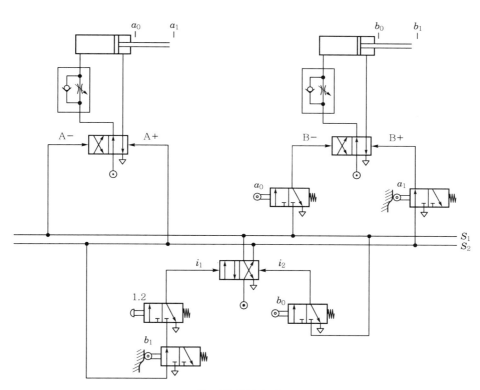

그림 5 ⬆ 완성된 회로도

맺는말

공기압 제어를 공부하는 데 가장 중요한 것은 주어진 조건에 따라 동작하는 공기압 시스템의 회로도를 설계할 수 있는 능력이 필요한 것이다.

또한 지금까지 배운 모든 회로도에는 실린더, 방향제어 밸브, 리밋스위치 및 배관 등 공기압 요소들이 포함되어 있다. 그리고 양질의 압축공기를 시스템에 공급해 주기 위해서는 압축기, 공기정화장치, 습기제거장치, 윤활기 등이 필요할 것이다. 우리는 이러한 사항들에 대하여도 앞에서 배웠다.

예를 들어 주어진 조건에 따라 회로도를 작성하였을 때 이 회로도를 가지고 시스템을 설치하려면 제일 먼저 작업을 수행하는 실린더의 규격을 결정해야 될 것이다. 필요한 실린더를 선정하기 위해서는 실린더에 작용하는 부하의 크기가 결정되어야 된다. 그러면 실린더의 지름을 결정할 수 있고, 행정에 따라 피스톤의 로드 지름을 결정한다. 또한 실린더의 속도를 결정하기 위하여 방향제어 밸브의 크기를 결정해야 된다. 따라서 이러한 공기압 요소에 관련된 내용들에 대하여 알지 못하고, 회로도만 설계할 줄 아는 것은 아무 의미가 없는 것이다.

공기압제어와 전기공압제어의 차이는 다음과 같다.

공기압에서는 실린더를 제어하기 위하여 공기압용 방향제어 밸브, 리밋스위치 및 누름버튼을 사용한다. 그러나 전기공압에서는 실린더를 제어하기 위해서 전자 릴레이, 솔레노이드 밸브, 전기용 누름버튼 및 리밋스위치를 사용하는 것이다. 그 이외의 나머지에 대하여는 차이가 없다고 하여도 아무런 문제가 없다.

우리는 10개의 연습문제를 풀면서 산업현장에서 필요한 많은 것들을 배웠다. 특히 논리제어 문제 및 캐스케이드 방법에 의한 회로 설계 방법은 후에 배우게 될 전기공압에서도 동일하게 적용되는 것을 알게 될 것이다.

전자 릴레이 및 솔레노이드 밸브를 사용하여 공기압 시스템을 설계하는 방법도 "혼자서도 할 수 있는 전기공압"으로 배워 실력 있는 기술자가 되기를 바란다.

"혼자서도 할 수 있는 공기압제어"로 학생들을 가르쳐 주신 많은 대학의 교수님께 진심으로 깊은 감사를 드리는 바이다. 아울러 지금까지 이 책으로 열심히 공기압 제어를 공부하신 모든 분들께도 깊은 감사를 드리는 바이다.

참고문헌

이 책을 집필하는 데 다음의 책을 참고로 하였다. 저자와 출판사에 감사를 드린다.

1 공기압기술 입문【한국훼스토(주)】

2 고급 공압제어기술【한국훼스토(주)】

3 자동화 유지보수【한국훼스토(주)】

4 공압기술/김장호, 신홍렬 공저【성안당】

5 알기쉬운 메카트로 공유압 PLC 제어 / 자동화기술 편집부 역【성안당】

6 공기압 실무 매뉴얼 / 공장자동화 편집위원회【도서출판 기술】

7 알고 싶은 에어트로닉스 / 에어트로닉스 연구회【기전연구사】

8 유공압 장치 / 한국과학기술진흥회

9 Pneumatic Handbook / Utrafilter International

저 자 약 력

박용일
- 홍익대학교 공과대학 정밀기계공학과 졸업
- 홍익대학교 공과대학 대학원 기계공학과(석사 · 박사)
- 한양대학교 공과대학 강사
- 대림대학 기계과 교수
- 대림대학 메카트로닉스과 교수(현재)

이정로
- 서울대학교 공과대학 기계공학과 졸업
- 한국과학기술원 기계공학과(석사)
- 한국과학기술원 연구원
- 한국과학기술원 중핵기술사업 공장자동화 분야 연구기획팀장
- 국제기능 올림픽 자동제어 직종 심사장(현재)
- 한국 훼스토 주식회사 부설 FA 기술연구소장겸 교육사업부 이사(현재)

혼자서도 할 수 있는
공기압 제어

1999. 1. 11. 초 판 1쇄 발행
2022. 6. 3. 1차 개정증보 2판 6쇄 발행

지은이 | 박용일, 이정로
펴낸이 | 이종춘
펴낸곳 | BM ㈜도서출판 **성안당**

주소 | 04032 서울시 마포구 양화로 127 첨단빌딩 3층(출판기획
10881 경기도 파주시 문발로 112 파주 출판 문화도시(제작 및 물류)

전화 | 02) 3142-0036
031) 950-6300
팩스 | 031) 955-0510
등록 | 1973. 2. 1. 제406-2005-000046호
출판사 홈페이지 | **www.cyber.co.kr**
ISBN | 978-89-315-3789-5 (13550)
정가 | 18,000원

이 책을 만든 사람들
기획 | 최옥현
진행 | 박경희
교정 · 교열 | 김혜린
전산편집 | 이지연
표지 디자인 | 박현정
홍보 | 김계향, 이보람, 유미나, 서세원, 이준영
국제부 | 이선민, 조혜란, 권수경
마케팅 | 구본철, 차정욱, 오영일, 나진호, 강호묵
마케팅 지원 | 장상범, 박지연
제작 | 김유석